NOTICE BIOGRAPHIQUE

SUR M. LE DOCTEUR JULES GUYOT.

Le docteur Jules Guyot, né à Gyé-sur-Seine (Aube) le 17 mai 1807, commença ses études au collége de Troyes et les termina à Paris, où il vint en 1826.

L'ardeur de ses études scientifiques, l'activité prodigieuse qu'il leur consacrait, le préservèrent pendant quatre ans de toute préoccupation politique; mais, en 1830, il prit part à la révolution et fut élu, par ses condisciples étudiants en médecine, membre de la commission des récompenses nationales.

Après les journées de février 1831, il fut arrêté et resta six semaines à Sainte-Pélagie. Ce fut dans cette retraite qu'il rédigea en grande partie ses *Éléments de physique générale*. Dans cet ouvrage, qu'il publia en 1832, il établit que le mouvement est la seule propriété de la matière, et que la chaleur, la lumière, le son et l'électricité ont le même principe.

Il fut reçu docteur en 1833.

En 1835 il publia une brochure sur les *Mouvements de l'air et les pressions de l'air en mouvement*. Cette découverte des attractions, répulsions et direction des vibrations sonores est restée à peu près inconnue jusqu'au jour de sa mort, où justice lui a été rendue, ainsi que l'a signalé M. Barral dans sa chronique du *Journal de l'Agriculture* du 27 avril 1872.

En 1837 il présenta à l'Académie des sciences un mémoire sur la révision des calculs de l'aplatissement de la terre et sur le fil à

plomb, avec le résultat des expériences faites par lui au Panthéon. Des commissaires furent nommés, mais, par la faute de M. Arago, le rapport ne fut pas fait, et le mémoire manuscrit est aux archives de l'Académie des sciences.

Ayant, en 1830, fait partie de l'artillerie parisienne, il étudia sérieusement la construction des armes à feu, et créa un nouveau modèle de canon, se chargeant par la culasse; mais, malgré des essais très-concluants, il fut refusé par le comité d'artillerie, probablement parce qu'il était présenté par un homme étranger aux corps spéciaux. Le docteur Jules Guyot le regretta vivement, surtout lorsqu'il le vit adopté presque sans modification par les Prussiens, qui en firent le terrible usage que l'on sait contre nos armées.

L'étude des composés résineux et de leurs transformations lui permit d'inventer un liquide d'éclairage, qu'il nomma *hydrogène liquide*. Il l'appliqua heureusement à la télégraphie aérienne, et créa ainsi la télégraphie de nuit sans changer le mécanisme ni les signaux des Chappe.

En 1840 il publia son *Traité de la télégraphie;* mais l'application de l'électricité à la télégraphie rendit inutiles ces travaux.

Il s'occupa, en 1843, de locomotives, et en créa une à trois pistons : son système de construction fut adopté par la commission supérieure des chemins de fer, sur le rapport de M. Lechatellier.

En 1845, à l'Exposition universelle, il exposa un modèle de pont à fermes rectangulaires cellulaires, réduit au 20°, et occupant 2 mètres de corde entre les culées. De ses divers travaux sur la force de résistance des matériaux ont été déduites plusieurs applications, entre autres les ponts de Couway et de Menai.

En 1844 il se lia avec un négociant en vins de Champagne, qui lui proposa de consacrer ses connaissances et son activité au progrès de la manutention des vins mousseux et de ses établissements industriels et ruraux. Le docteur Jules Guyot éclaira à la

lumière du jour, par des puits verticaux et des réflecteurs, les plus grandes caves de la Champagne.

En 1848 il fut choisi par le corps médical du département de la Seine comme premier candidat à l'Assemblée nationale. Il fit paraître, en 1849, ses *Institutions républicaines.*

Après cette publication, il reprit et étendit sur une grande échelle, dans la Marne, ses travaux d'agriculture, d'horticulture, de viticulture surtout et de vinification. Il eut l'occasion, pendant douze ans, d'employer et de diriger de nombreux ouvriers de tous métiers, et il apprit ainsi à connaître à fond les ouvriers ruraux et industriels et à les placer, dans son estime et dans ses affections, aussi haut qu'aucune autre classe de la société.

Ses nombreux travaux lui valurent des récompenses publiques et de précieuses relations avec les ingénieurs, les agriculteurs et les viticulteurs; relations qui se joignirent avec ses liaisons les plus chères avec la science et les savants, avec la médecine et les médecins de Paris.

Mais cette laborieuse existence fut interrompue par des manœuvres commerciales et industrielles contre lesquelles il ne s'était ni exercé ni prémuni.

C'est à la fin de 1857, qu'après avoir rompu avec son associé, le docteur Jules Guyot rentra à Paris, où ses confrères le nommèrent membre de la commission administrative de l'Association générale des médecins de France.

Il fit, en 1858, une série d'articles viticoles qui parurent dans le *Journal d'agriculture pratique,* appartenant alors à M. Bixio, et dirigé par M. Barral. En 1860, il réunit ces articles en un volume qu'il intitula *Culture de la vigne et vinification.* Ce livre reçut du public le plus brillant accueil, et cette même année le docteur Jules Guyot fut nommé chevalier de la Légion d'honneur.

Cette publication et la connaissance de quelques-unes de ses œuvres dans la Marne excitèrent l'intérêt du prince Napoléon, et, sur son insistance, M. Rouher, alors ministre de l'agriculture,

confia au docteur Jules Guyot la mission d'étudier les vignobles de France et d'y propager les meilleures méthodes de viticulture et de vinification.

De 1861 à 1867, c'est-à-dire en six ans, il parcourut 71 départements viticoles et étudia non-seulement leur viticulture et leur vinification, mais leur agriculture comparée, leurs travaux, leurs besoins, leurs mœurs, leur vie. Il faisait au ministre de nombreux rapports, qui furent imprimés par l'Imprimerie impériale.

Vers la fin de 1866, brisé sous le poids de la tâche qu'il accomplissait avec la précipitation et l'ardeur d'un homme qui veut achever son œuvre avant sa propre fin, il put encore, au prix d'héroïques efforts, coordonner tous ses Rapports et faire paraître en 1868 ses *Études sur les vignobles de France, pour servir à l'enseignement mutuel de la viticulture et de la vinification françaises.*

Quoique souffrant cruellement déjà au moment de l'Exposition universelle de 1867, il avait néanmoins fait partie du jury dans la section de viticulture, et s'était acquitté de cette mission avec son activité ordinaire. C'est à cette époque qu'il fut nommé officier de la Légion d'honneur.

Il consacra, en 1869, ce qui lui restait de forces à faire connaître, dans son livre *Les paradoxes de 1789 et les vrais principes sociaux,* qu'il publia au commencement de 1870, le résultat de ses observations économiques, sociales, politiques et religieuses.

Au mois d'août 1870, il fut chassé, par l'invasion, de son habitation de Puteaux, située au pied du Mont-Valérien, et se réfugia à Chartres; il y publia, en 1871, une *Étude analytique et comparée de la monarchie dynastique héréditaire et de la démocratie.*

Après la guerre, le docteur Jules Guyot, désirant revoir les vignes, objet de ses prédilections, accepta l'hospitalité pleine de cordialité que lui offrirent, au château de Savigny-lès-Beaune, M. le comte de la Loyère et sa famille.

C'est de Savigny que sont signés ses derniers articles d'économie politique, insérés dans la *Gazette des campagnes*.

Deux terribles accès de fièvre, coupés incomplétement et à grand'peine, l'ont frappé à mort. Sa science médicale ne lui a pas laissé le moindre doute, et il a fait noblement son sacrifice. Pendant qu'autour de lui on espérait encore, il n'a plus pensé qu'à la vie future ; il a mis son espérance en la bonté de Dieu. Puis le dimanche 31 mars 1872, presque sans transition, il s'est éteint, la main dans celle de sa femme, qui, après avoir été la compagne de ses travaux, fut sa plus tendre garde-malade. Elle a eu la triste consolation de lui fermer les yeux et de demeurer près du modeste monument que ses amis ont élevé à sa mémoire.

Ainsi s'est terminée cette vie, consacrée, même dans ses phases les plus diverses, à un but unique : la recherche de la vérité.

Personne n'a eu une vie plus active, plus mêlée aux aspirations de notre époque. Il a touché à tout, il a pensé à tout, excepté à lui et aux siens, auxquels, au lieu de fortune, il laisse le nom le plus honorable et la gloire la plus pure.

AVERTISSEMENT

SUR CETTE SECONDE ÉDITION.

La présente édition est de tout point semblable à la première. Il n'a pas semblé, en effet, qu'il fût possible ni convenable de toucher à une œuvre qui forme un tout trop intimement lié à la personnalité de l'auteur pour qu'on pût suppléer à son absence. On a cependant cru devoir y ajouter quatre tables, destinées, croyons-nous, à être favorablement accueillies par tous les admirateurs du docteur Guyot.

Ces quatre tables sont :

Une table alphabétique pour les figures ;

Une table alphabétique pour toutes les localités décrites, visitées ou citées par le docteur J. Guyot ;

Une table alphabétique pour les noms des personnes et des auteurs cités dans l'ouvrage ;

Une table alphabétique et analytique pour toutes les matières contenues dans les trois volumes.

Nous allons donner quelques explications qui ont pour but de justifier ces diverses additions.

1° L'étude des vignobles contient 977 figures disséminées dans le texte, auquel elles ajoutent une clarté indispensable, qu'il eût été impossible d'obtenir autrement. On comprend tout de suite l'utilité que le catalogue par ordre alphabétique de ces gravures aura pour le lecteur : il lui permettra de mettre immédiatement la main, non-seulement sur la représentation graphique de l'objet qui l'intéresse, mais encore sur la description écrite qui l'accompagne et la complète.

2° L'ouvrage du docteur Guyot a pour principal élément, ainsi qu'il le dit lui-même, les vignobles, dont il décrit les situations géographiques, géologiques et climatériques, les cépages, les usages et modes de cultures employés, etc. Il est donc indispensable que le lecteur puisse trouver sans peine ces divers renseignements, pour une localité déterminée d'abord, puis encore, au besoin, pour toutes celles qu'il voudra comparer entre elles, ce que la table des lieux permettra de faire avec la plus grande facilité.

Ces localités sont au nombre de 1,400 environ.

M. Henry Sagnier, secrétaire de la rédaction du *Journal de l'Agriculture,* dirigé par M. Barral, a bien voulu se charger de ce travail.

3° Si la description des vignobles est l'un des éléments principaux de l'enquête dont le présent ouvrage est le résultat définitif, il n'est pas moins utile de connaître le nom, la qualité et, au besoin, le domicile de tous les viticulteurs de bonne volonté et soucieux du progrès qui s'y sont présentés. Leur position sociale, leur capacité agricole et leur expérience personnelle viennent ajouter une valeur précieuse et incontestable aux dépositions et aux renseignements qu'ils ont présentés, et dont on peut dire qu'on trouve ici le résumé et en quelque sorte le procès-verbal. C'est là ce qui nous a fait un devoir de présenter au lecteur la liste alphabétique des noms des personnes citées dans l'Étude des vignobles de France ainsi que leur domicile : ces noms sont au nombre de 633.

Une autre considération est encore venue corroborer notre détermination à ce sujet, la voici :

Si un lecteur était intéressé à avoir quelques renseignements supplémentaires sur une pratique usitée dans quelque vignoble, il serait assuré, au moyen de notre table, de trouver de suite un ou plusieurs correspondants capables de lui fournir l'éclaircissement demandé. Qu'on nous permette d'ajouter que, si de nombreuses correspondances de ce genre venaient à s'établir, et si elles étaient publiées par la voix de la presse agricole, ce serait un excellent moyen de continuer et de tenir au courant l'étude des vignobles de France, où sont déjà réunis tous les renseignements techniques

pris sur les lieux, ce qui en ferait une véritable encyclopédie de la matière.

4° Nous arrivons maintenant à la table alphabétique, analytique et générale des matières contenues dans les trois volumes de l'Étude des vignobles de France.

La première édition, comme celle-ci d'ailleurs, contient, à la fin de chaque volume, une table des matières, en tout trois tables présentant ensemble environ 27 pages petit texte. Elles suivent l'ordre des départements dont la viticulture est examinée et décrite, et indiquent avec un laconisme désespérant les titres seuls des sujets. La pagination est encore traitée plus pauvrement : elle se réduit à l'indication de la première et de la dernière des pages consacrées à chaque département ; et comme quelques-uns occupent 80 pages environ, employées à décrire et à signaler une multitude de faits presque tous intéressants, on comprend de suite le temps à employer pour arriver à découvrir enfin le renseignement cherché.

Ainsi l'absence d'ordre alphabétique et de pagination rend ces tables à peu près inutiles.

En présence d'un pareil état des choses et d'un ouvrage de 2,000 pages, nous avons regardé comme indispensable la rédaction de la table générale analytique et alphabétique de toutes les matières que nous présentons au lecteur. Nous allons exposer à quel point de vue nous l'avons rédigée.

L'Étude des vignobles n'a pas été préparée de longue main dans le cabinet : le docteur Guyot lui-même a pris soin de nous faire connaître les circonstances qui en ont précédé et accompagné la naissance.

Ainsi que nous l'avons dit plus haut, cet ouvrage se compose en grande partie d'une suite de procès-verbaux d'enquêtes rapportant les dires des viticulteurs, que le docteur lui-même appelle les auteurs, les collaborateurs de sa publication (préface, p. VII à IX). Ce mode de composition en exclut naturellement tout classement méthodique, défaut qu'on ne peut reprocher à l'auteur, car il ne pouvait rien changer aux dépositions, qu'il devait reproduire exactement, sous peine de devenir un rapporteur infidèle. Qu'on veuille bien considérer enfin que, fort souvent, ces conversations qu'il

nous transmet et leurs résultats n'avaient pas lieu commodément autour d'un tapis vert, mais en plein champ, ou plutôt en pleine vigne, ce qui d'ailleurs, suivant nous, ne fait qu'y ajouter un prix tout particulier.

En présence de la situation que nous venons de signaler, nous avons voulu remédier, autant que possible, à ces inconvénients en réunissant dans notre table, sous quelques appellations générales, plusieurs sujets connexes, mais en ayant soin néanmoins d'isoler et de mettre en lumière, à leur rang alphabétique, ceux qui le méritaient à nos yeux par quelque côté saillant. Pour mieux nous faire comprendre nous allons prendre un exemple.

Le mot *conduite de la vigne* a une signification très-élastique. En effet, la plantation étant faite, tous les soins que réclame la vigne jusqu'à la vendange peuvent être compris sous cette dénomination générale; ainsi les tailles en sec et en vert, le dressement des échalas, les cultures diverses à donner à la terre, l'incision annulaire qui prévient la coulure, etc., toutes ces opérations peuvent être considérées comme inhérentes à la conduite de la vigne et sont indiquées sous cette appellation, ce qui n'empêche pas qu'elles ne soient l'objet d'une indication spéciale toutes les fois qu'elles nous ont paru le mériter et l'exiger.

Le mot *vinification* ainsi que plusieurs autres peuvent aussi donner lieu à des remarques du même genre, sur lesquelles nous renonçons à insister.

Nous avons donc rangé dans l'ordre alphabétique tous les sujets; mais beaucoup d'entre eux ont été traités dans différents départements et ont donné lieu ainsi à plusieurs articles, entre lesquels il y avait un ordre à établir. Au lieu de suivre l'ordre des volumes et de leur pagination qu'on a pris pour guide dans la rédaction des tables de la première édition, nous avons cru plus utile et plus commode pour le lecteur de suivre l'ordre alphabétique des départements, commençant ainsi par le département de l'Ain et finissant par celui de l'Yonne; de cette manière, le lecteur pourra comparer plus commodément entre elles les opérations ayant le même but, mais telles qu'on les pratique dans les divers vignobles.

Outre les chapitres relatifs à chaque département en particulier, il y a quelques parties de l'ouvrage qui ont un caractère plus général, comme la préface, l'introduction, les notions générales sur la vigne, les résumés concernant chaque région, qui sont l'œuvre toute personnelle de l'auteur; on les trouvera indiquées dans la table, rangées suivant leur ordre alphabétique et sous le titre de *Généralités*.

Parmi les règles ou préceptes exposés dans le cours de l'ouvrage, il y en a un certain nombre qui ont un caractère général, décisif et impératif en quelque sorte, sans acception d'une localité déterminée. Nous avons cru utile de les signaler tout particulièrement à l'attention du lecteur, en accompagnant de guillemets les lignes qui les concernent : il aura ainsi un moyen de les reconnaître tout de suite.

Qu'il nous soit permis maintenant d'expliquer en quelques mots pourquoi nous avons rédigé les tables dont il s'agit.

Pendant de longues années nous nous sommes occupé d'agriculture; c'est sur notre rapport que M. Marcon de la Mothe-Montravel a été signalé et récompensé au concours départemental de Bergerac pour sa belle conduite de la vigne, qui lui a d'ailleurs, sur le rapport du docteur J. Guyot, mérité dans sa classe la plus haute récompense à l'Exposition universelle de 1867; nous avons ensuite organisé avec succès à Périgueux une exposition de vins, dont nous avons été le rapporteur; enfin nous avons été au moment de fonder une école de viticulture que le docteur avait consenti à diriger, projet auquel le mauvais état de sa santé nous a forcé de renoncer.

Voilà comment se sont établis nos rapports avec cet homme d'élite, et ceux qui, comme nous, ont pu apprécier la franchise de son caractère, les hautes qualités de son intelligence encyclopédique, et surtout son désintéressement et l'inépuisable bonté de son cœur, comprendront l'attachement que nous ressentons pour sa mémoire : c'est ainsi que nous avons sollicité et obtenu avec reconnaissance la mission de préparer les tables ci-après; pourvu que, malgré les soins que nous avons pris, elles atteignent le but que nous nous sommes proposé, celui de signaler au lecteur toutes les richesses que l'ouvrage contient!

Que, surtout, les agriculteurs favorisés de la fortune lisent et méditent toutes les pages où, dans un style chaleureux, il leur recommande, dans leur propre intérêt, l'établissement d'exploitations rurales nombreuses et modestes, assurant aux travailleurs de la campagne le vivre et le couvert, et favorisant ainsi le bien-être de nouvelles familles, fournissant à l'industrie, à l'agriculture elle-même de nouveaux consommateurs, et à la patrie un accroissement de matière imposable et de défenseurs.

Nous ne pouvons terminer sans mentionner le désintéressement de l'éditeur de l'Étude des vignobles de France, qui n'a pas reculé devant la dépense supplémentaire que lui impose l'impression en petit texte d'une centaine de pages à deux colonnes.

P. COIGNET,

ancien officier du génie, correspondant de la Société centrale d'Agriculture de France, de la Société des agriculteurs de France, commission des engrais.

TABLE ALPHABÉTIQUE DES FIGURES.

A

Anatomie du sarment et de ses nœuds, I, 243.

Appareil à distillation continue, du docteur Chambardel, Char.-Infér., II, 495.

Arbres isolés croissant avec vigueur dans la Crau (Bouches - du - Rhône), I, 201.

B

Bouture à Ludon (Gironde), I, 436 ; — ses phases de végétation jusqu'à la sixième année, par suite de la taille, à Monbazillac (Dordogne), I, 539-541 ; — ordinaire et avec versadi, Ardèche, II, 85.

Bouture rabattue à un œil, II, 86 ; — de 0^m,20 à 0^m,30 de profondeur, développement de sa racine, II, 373 ; — plantée à la barre ou au pic, Charente-Inférieure, II, 470.

C

Carte de France en huit régions viticoles, I, 610.

Cep monstrueux et difforme, suite d'une taille trop rigoureuse, à Saint-Émilion (Gironde), I, 498 ; — de 20 ans, à Planque (Dordogne), I, 543 ; — vieux, à Corbiac (Dordogne), I, 543 ; en treille, de 30 et 120 ans, Isère, I, 555-556 ; — de 100 ans, à Brantôme (Dordogne), I, 563 ; — séculaire, à Échourgnac (Dordogne), I, 575 ; — de 10 ans, de 30 ans, vieux, du Lot, II, 27 ; — sa disposition dans le Lot, II, 27.

Cep type de Luzech, non taillé, Lot II, 28 ; — de Luzech, taillé, Lot, II, 28 ; — devenu échevelé par l'âge, II, 28 ; — taillé, II, 29 ; — de Bétaille (Lot), centenaire, II, 39. — Ceps conformes aux tailles de Vesseaux, Privas, Chomérac, l'Argentière (Ardèche), II, 87 ; — du Col-de-l'Escrinet (Ardèche), II, 88. — Cep près l'Argentière (Ardèche), II, 88 ; — de syra, à l'Argentière (Ardèche), II, 88 ; — de trois ans de bouture, à Brioude (Haute-Loire), II, 107 ; — vieux, à Beaulieu (Corrèze), II, 130.

Cep à *fraille* (couronne), à Beaulieu (Corrèze), II, 130. — Ceps à Brives (Corrèze), II, 132; — à taille généreuse et à taille restreinte, Corrèze, II, 137; — des environs de Limoges (Haute-Vienne), II, 147; — de folle blanche taillés, Haute-Vienne, II, 147-151. — Cep à Crest (Drôme), II, 241; — à Montmélian (Savoie), II, 282; — de franc pied, en Chautagne (Savoie), II, 282; — à Treffort-en-Revermont (Ain), II, 357; — de Miserey (Doubs), II, 409; — de pulsart, à Miserey (Doubs), II, 409; — de pulsart avec courgée, à Miserey (Doubs), II, 410; — à la taille et à la vendange, à Ornans (Doubs), II, 412. — Ceps de 7 ans, taille généreuse, à Fléac (Charente), II, 453; — de 50 ans, taille restreinte, à Fléac (Charente), II, 453. — Cep souche aplatie de 8 ans, de 15 à 20 ans, de la Charente-Inférieure, II, 475; — de 30 à 40 ans, Charente-Inférieure, II, 479; — de remplacement en versadi, à Périgny (Charente-Inférieure), II, 485; — de malvoisie, branche à fruit et branche à bois, à Buchignon (Vendée), II, 515; — de vieilles vignes, à Sainte-Hermine (Vendée), II, 516; — de vigne blanche de 8 à 10 ans, à Châtellerault (Vienne), II, 552; — de vigne blanche de 50 ans, à verge, à Châtellerault, II, 552. — Ceps à un et à trois bras, Indre, II, 568; — à quatre bras et à six coursons, Indre, II, 569; — à trois bras, Paimbœuf et Saint-Brévin (Loire-Inférieure), II, 595; — de gros plant vieux, à six et huit bras horizontaux, à Bouguenais (Loire-Inférieure), II, 602; — de pineau blanc de 7 à 8 ans, à Angers (Maine-et-Loire), II, 619.

Cep de pineau blanc de 12 ans, à la taille sèche et en pleine végétation, à Angers (Maine-et-Loire), II, 619; — de pineau blanc de 20 ans, à Angers (Maine-et-Loire), II, 620; — de pineau blanc de 100 ans, à Angers (Maine-et-Loire), II, 620; — de pineau blanc, de carbenet-sauvignon, sur trois bras et une verge, à la Roche-aux-Moines (Maine-et-Loire), II, 621. — Cep de vigne rouge en gamay et liverdun, à deux bras et un courson sur chacun, aux Fouassières (Maine-et-Loire), II, 622; — de vigne en varenne, liverdun et gamay, à trois bras à trois coursons de deux yeux avec échalas en ardoise, à la Roche-aux-Moines (Maine-et-Loire), II, 622; — en gamay de Malain en éventail, à deux bras et trois coursons sur chaque, et sur traverses, à Angers (Maine-et-Loire), II, 623. — Trois ceps, un de 15 ans, franc de pied, deux de 2 et 4 ans, de provignage, à Morains (Saumur) (Maine-et-Loire), II, 625. — Cep de vigne blanche, pineau de la Loire, de 5 à 6 ans, à poussier et à verge, à Distré (Maine-et-Loire), II, 627; — de vigne rouge, breton ou carbenet-sauvignon, au château de Morains (Maine-et-Loire), II, 630; — à taille longue à un courson et une verge, Indre-et-Loire, II, 652; — à verge fixée sur le vieux bois, Chinon (Indre-et-Loire), II, 654; — de cot rouge, à taille longue, à Amboise (Indre-et-Loire), II, 658; — de noble d'Orléans, pineau noirien, à Joué (Indre-et-Loire), II, 659; — isolé de breton, anciennes vignes, à Ingrandes, Restigné, Bourgueil et Saint-Nicolas (Indre-et-Loire), II, 660; — de franc pineau noir à verges, près Chinon (Indre-et-Loire), II, 660.

Cep gros noir teinturier, à Vernon-sur-Brenne (Indre-et-Loire), II, 662; — malvoisie réuni sur le même échalas à un cot rouge, Indre-et-Loire, II, 662; — de grollot, à Cinq-Mars (Indre-et-Loire), II, 663; — à trois bras en sec et en vert, Loir-et-Cher, II, 692; — à trois bras sur fil de fer, à Bouxeuil (Loir-et-Cher), II, 693; — cot rouge avec verge renversée sur le cep, à Saint-Aignan (Loir-et-Cher), II, 697; — cot rouge avec verge en dehors du cep, à Saint-Aignan (Loir-et-Cher), II, 698; — de cot rouge de 150 ans à la taille d'hiver, à Montrichard (Loir-et-Cher), II, 704; — de cot rouge en vert, à Montrichard (Loir-et-Cher), II, 705; — de cot rouge à la taille d'hiver, cinq verges, à Montrichard (Loir-et-Cher), II, 706; — à une verge, à Montrichard (Loir-et-Cher), II, 707; — en chaintre, taille d'hiver, à Chissay (Loir-et-Cher), II, 707-711; — du Beaujolais en vert, Rhône, III, 3; — du Beaujolais en sec taillé, III, 3. — Deux ceps relevés et attachés par le sommet de leurs pampres, Beaujolais (Rhône), III, 4. — Cep de 20 ans, aux Thorins (Saône-et-Loire), III, 33; — en traîne avec couronne, Saône-et-Loire, III, 42; — de pineau blanc sans échalas, Saône-et-Loire, III, 47; — de chardenet sans échalas, de 60 à 80 ans, à Chardonnay (Saône-et-Loire), III, 47; — à Essoyes, aux Riceys et à Bar-sur-Seine (Aube), III, 106; — à la troisième taille, à Auxerre (Yonne), III, 132; — à quatre bras traînants, à Coulange (Yonne), III, 136: — de 30 ans, à Chablis (Yonne), III, 142; — de 3 à 7 ou 8 ans, à Tonnerre (Yonne), III, 148-149.

Cep définitivement constitué à trois bras traînants, à Tonnerre (Yonne), III, 149; — type, à Chantelle (Allier), III, 157; — de vigne blanche de 40 ans, à simple et double archelet, Allier, III, 159; — à trois âges différents, à Sancerre (Cher), III, 188; — de pineau, à Vierzon (Cher), III, 194; — à verge, à Saint-Amand (Cher), III, 196; — sans verge, mais à trois bras, à Châteaumeillant (Cher), III, 197; — à demi-verge ou à verge, à Dun-le-Roi (Cher), III, 198; — à verge en raquette, à Dun-le-Roi (Cher), III, 199; — en arcade, à Bourges (Cher), III, 200; — à trois bras, à Bourges (Cher), III, 201; — à trois bras avec demi-verge et verge, à Bourges (Cher), III, 201; — de pineau et meunier en perchée, à Gien (Loiret), III, 211; — de gamay, à Gien (Loiret), III, 211; — de meunier à collet, Loiret, III, 211; — vieux, de blanc melon ou terlat, Loiret, III, 211; — nu en boudin, en champignon, en madrépore, Gâtinais, à Ladon (Loiret), III, 216; — en tête d'osier à cinq bras, Gâtinais (Loiret), III, 219; — en tête d'osier à un petit courson à un œil, un courson à deux yeux, une demi-verge et une verge, à Orléans (Loiret), III, 223; — passant de deux à sept bras, à Olivet (Loiret), III, 228-229; — à sept bras sur fil de fer, III, 230; — en quenouille, Haut-Rhin, III, 253; — de liverdun à deux bras, à Toul (Meurthe), III, 319; — de grosse race à un bras et un seul courson, Moselle, III, 330; — de grosse race à deux bras et deux coursons, Moselle, III, 330; — de petite race à un courson et à courbe, Moselle, III, 330.

Cep en cuveau, à Metz (Moselle), III, 332-333; — de franc pineau, avec branche à fruit verticale, à Guené-trange (Moselle), III, 335; — privé de tige, de M. Trouillet, III, 349; — reproduit la souche du Beaujolais, III, 350; — système lorrain, Meuse, III, 350; — bas à deux ou trois bras, à Vitry (Marne), III, 410; — haut avec pleyon, à Vitry (Marne), III, 411; — suivant la méthode Hooïbrenck, soi-disant nouvelle, Marne, III, 427; — champenois à un, deux et trois bras ou broches, Marne, III, 428; — avec ploie libre, puis fichée en terre (versadi) après les gelées, à Château-Thierry (Aisne); avec ploie libre, puis recourbée et attachée à l'échalas, à Soissons (Aisne), III, 436, 437; — avec ploie inclinée seulement et attachée à l'échalas voisin, à Château-Thierry (Aisne), III, 438; — à simple et double broche, à Craonne (Aisne), III, 438; — à plusieurs bras, à Treloup (Aisne), III, 439; — sur pommier, sur prunier et sur épine, à Ressons-le-Long (Aisne), III, 451; — sur prunier d'après nature, environs de de Noyon (Oise), III, 491; — de 11 mètres d'envergure, soutenu par des arbres morts, Oise, III, 492; — système Marcon, III, 495; — système Marcon, modifié à la manière d'Évian, III, 495; — à taille courte (gamay), à taille longue (meunier, meslier), environs de Paris, III, 506; — de gamay, taillé et non taillé, avec ou sans échalas, Seine, III, 514; — de meslier avec branche à fruit non taillée, puis taillée, Seine, III, 514; — en quenouille, à Château-du-Loir (Sarthe), III, 552; — de 1 à 20 ans, à Saint-Denis-d'Anjou (Mayenne), III, 566.

Cep de 30 à 40 ans et autre vieux, à Saint-Denis-d'Anjou (Mayenne), III, 566.

Charrue à labourer dans les vignes avec trait passant sous le cheval entre les jambes de derrière, à Coulange-la-Vineuse (Yonne), III, 138.

Clef ficheuse pour la plantation des échalas, inventée par M. Dugué, d'Argenteuil, perfectionnée par M. Fellans, de Bar-sur-Aube, III, 100.

Conduite de la vigne à la Gaude (Alpes-Maritimes), I, 28; — modification à y faire, I, 29; — conduite de la vigne à la Colle (Alpes-Maritimes), I, 35; — à Cagnes et Saint-Laurent-du-Var (Alpes-Maritimes), I, 36; — chez le baron de Zuylen, Nice (Alpes-Maritimes), I, 44; — ordinaire en jouelles dans les Alpes-Maritimes, I, 47; — en foule à Saint-Laurent-du-Var (Alpes-Maritimes), I, 48; — en jouelles, Var, 66-67; — en hautains avec oliviers, Var, I, 76; — en gradins, I, 77; — au milieu des plantes herbacées, I, 77; — libre et isolée d'autres cultures, I, 78; — à Carcès (Var), en hautains, I, 79; — à Carcès (Var), de deux ans de pousse, I, 80; — à Carcès (Var), mutilée par la taille, I, 81; — à Carcès (Var), mutilée par la taille, I, 82; — dans le Var, I, 83; — dans la Corse, I, 120-121-122; — à douze et quinze bras près Bastia, I, 123; — en filagni ou palissades, près Bastia, I, 126; — à Poggie (Corse), I, 129; — à Cervione (Corse), I, 132-133; — à Vignale (Corse), I, 135; — à Corte (Corse), I, 138-139-140; — à Ajaccio (Corse), I, 143-144; — vicieuse, à Ajaccio (Corse), I, 147; — (modèle), I, 162-163.

455, 458, 459, 464, 467, 727;
III, 598.

Collioure (Pyrénées - Orientales), I,
272, 275, 276, 278, 280, 283,
290, 320.

Collonges-sous-Salève (Haute-Savoie),
II, 339.

Colmar (Haut-Rhin), III, 247, 248,
268, 600.

Commercy (Meuse), III, 350, 351, 600.

Compertrix (Marne), III, 410.

Compiègne (Oise), III, 481, 483, 484,
485, 488, 490, 600.

Condom (Gers), I, 375; III, 598.

Condorcet (Vaucluse), I, 204, 209; II,
227.

Condrieu (Rhône), II, 248, 273; III,
2, 6, 9, 10.

Conflandey (Haute-Saône), II, 415.

Conflans (Savoie), II, 277, 284, 288,
290.

Conflans (Seine-et-Oise), III, 497.

Confolens (Charente), II, 444, 445;
III, 599.

Congeniès (Gard), I, 218, 222.

Connezac (Dordogne), I, 565.

Corbeil (Seine-et-Oise), III, 119, 500,
501, 599.

Cordes (Tarn), II, 2, 17, 18.

Cornas (Ardèche), II, 91, 97.

Cornay (Ardennes), III, 379.

Cornon (Puy-de-Dôme), II, 173.

Corte (Corse), I, 108, 119, 136, 139,
141, 143, 144, 154, 169, 170,
289.

Corton (Côte-d'Or), III, 78, 85.

Cosne (Nièvre), III, 169, 170, 174,
599.

Coteau-Brûlé (Vaucluse), I, 204.

Couches (Saône-et-Loire), III, 29, 51.

Couchey (Côte-d'Or), III, 79, 80, 82,
83.

Coudot (Gironde), I, 485.

Coudray - Saint - Germer (Oise), III,
479.

Coulanges (Yonne), III, 128, 129,
135, 137, 138.

Coulaures (Dordogne), I, 560.

Coulée-de-Serraut (Maine-et-Loire),
II, 615, 638.

Coulommiers (Seine-et-Marne), III,
475, 599.

Courbevoie (Seine), III, 512.

Cour-Cheverny (Loir-et-Cher), II, 687,
690.

Courdemanges (Marne), III, 412.

Cramant (Marne), III, 401, 404.

Craonne (Aisne), III, 434, 438, 440,
445.

Crechy (Allier), III, 156, 164, 166.

Crécy (Seine-et-Marne), III, 477.

Creil (Oise), III, 481, 490.

Crépy (Oise), III, 481.

Crest (Drôme), II, 239, 240, 241.

Creuzier (Allier), III, 156, 165, 166.

Cruet (Savoie), II, 252, 281, 290,
295.

Cuers (Var), I, 66.

Culoz (Ain), II, 347, 348.

Cunac (Tarn), II, 19.

Cumières (Marne), III, 407, 409.

Cusset (Allier), III, 156, 166.

D

Dallet (Puy-de-Dôme), II, 158, 167,
173.

Dannemoine (Yonne), III, 123, 147.

Dax (Landes), I, 362; III, 597.

Davayé (Saône-et-Loire), III, 30, 31,
52.

Demigny (Saône-et-Loire), III, 28, 51,
52.

Deuil (Seine-et-Oise), III, 498, 503.

Die (Drôme), II, 226, 432.

Diedisheim (Bavière rhénane), III, 280, 281.

Digne (Basses-Alpes), I, 53, 59; III, 601.

Dijon (Côte-d'Or), I, 91; III, 57, 58, 63, 82, 83, 84, 600.

Dissay (Sarthe), III, 552.

Distré (Maine-et-Loire), II, 615, 641.

Dizy (Marne), III, 404, 407.

Dôle (Jura), III, 600.

Domme (Dordogne), I, 511, 523, 525, 541.

Dompaire (Vosges), III, 287, 289, 296, 297, 298.

Donjeux (Haute-Marne), III, 372.

Donzenac (Corrèze), II, 133, 134, 135.

Doulevant (Haute-Marne), III, 363.

Douvaine (Haute-Savoie), II, 300, 332.

Douzillac (Dordogne), I, 524.

Draguignan (Var), I, 25, 63, 65, 66, 80, 96; III, 598.

Dreux (Eure-et-Loir), III, 486, 515, 516, 517, 519, 522, 529, 530, 531, 532, 538, 539, 544, 600.

Dun-le-Roi (Cher), III, 183, 184.

Duran (Gers), I, 374.

E

Échourgnac (Dordogne), I, 511, 575.

Éguisheim (Haut-Rhin), III, 254.

Eix (Meuse), III, 352.

Épernay (Marne), I, 523; III, 386, 388, 389, 390, 391, 393, 404, 405, 407, 408, 410, 428, 430, 434, 438, 440, 456, 600.

Épinal (Vosges), III, 286, 298, 300.

Épineuil (Yonne), III, 123, 147, 151.

Épiré (Maine-et-Loire), II, 615.

Espalion (Aveyron), II, 43, 44, 45, 47, 48, 49, 51, 57, 61, 64; II, 600.

Estrées (Oise), III, 482.

Essoyes (Aube), III, 93, 101, 103, 105, 106.

Esvres (Indre-et-Loire), II, 647, 659, 680.

Étampes (Seine-et-Oise), III, 498, 499, 600.

Évian (Haute-Savoie), II, 300, 301, 303, 305, 306, 307, 312, 318, 319, 325, 327, 330, 332.

Évreux (Eure), III, 537, 599.

Excideuil (Dordogne), I, 382, 511, 526.

Eyguières (Bouches-du-Rhône), I, 181.

Ézy (Eure), III, 537, 539.

F

Faverges (Haute-Savoie), II, 300.

Faverney (Haute-Saône), II, 415.

Félarde (Cher), III, 202.

Féterne (Haute-Savoie), II, 332.

Fèves (Moselle), III, 323, 337.

Figeac (Lot), III, 599.

Fléac (Charente), II, 453.

Fleurie (Rhône), III, 16, 24.

Fleury-Beaujolais (Saône-et-Loire), I, 523; III, 30.

Florac (Lozère), II, 67, 68, 70, 71, 72; III, 601.

Foix (Ariége), I, 301, 302, 303, 304, 308, 310, 584; III, 600.

Fontainebleau (Seine-et-Marne), I, 373; II, 33; III, 466, 472, 474, 475, 599.

Fontenay-le-Comte (Vendée), II, 503; III, 598.

Fontenoy (Aisne), III, 437.

Francy (Haute-Savoie), II, 300, 332, 338, 339.
Fraye (Maine-et-Loire), II, 615.
Fréjus (Var), I, 65, 66.
Frontenay (Deux-Sèvres), II, 517, 519, 521, 525, 533.
Frontignan (Hérault), I, 247, 248, 291.

Fronsac (Gironde), I, 471, 478, 487, 494.
Fronton (Haute-Garonne), I, 313, 314, 322, 588.
Fuissé (Saône-et-Loire), II, 414; III, 30, 31.
Fumel (Lot), II, 23, 36.
Fussy (Cher), III, 202.

G

Gabarret (Landes), I, 356, 363.
Gadagne (Vaucluse), I, 204, 206.
Gaillac (Tarn), II, 2, 4, 6, 7, 8, 11, 12, 15, 16, 21; III, 598.
Gannat (Allier), III, 153, 158, 600.
Gap (Hautes-Alpes), II, 214, 218; III, 601.
Garancières (Seine-et-Oise), III, 502.
Garennes (Eure), III, 538.
Gaubertin (Loiret), III, 218, 220.
Gazonfier (Sarthe), III, 547, 551.
Genève (Suisse), II, 585.
Géry (Drôme), II, 243.
Gevrey-Chambertin (Côte-d'Or), III, 74.
Gex (Ain), II, 343, 344, 368, 434; III, 601.
Gien (Loiret), III, 205, 206, 210, 211, 212, 213, 218, 221, 222, 235, 600.
Gimont (Gers), I, 367, 368.
Giscours (Gironde), I, 441.
Gisors (Eure), III, 480.
Givry (Saône-et-Loire), III, 28, 29, 41, 43, 44.

Glannes (Marne), III, 412.
Gorges (Loire-Inférieure), II, 598, 600.
Gourdon (Lot), I, 382; III, 599.
Gouts (Dordogne), I, 524, 565.
Grand-Pré (Ardennes), III, 375.
Grasse (Alpes-Maritimes), I, 23, 24, 25, 34, 61; III, 599.
Gray (Haute-Saône), II, 415, 416, 423; III, 600.
Grenoble (Isère), II, 246, 249, 250, 252, 262, 265, 267; III, 599.
Grésy (Savoie), II, 290.
Grisy-Suines (Seine-et-Marne), III, 467.
Guebviller (Haut-Rhin), III, 243, 244, 251, 254.
Guénétrange (Moselle), III, 323, 325, 329, 334, 335, 337.
Guéret (Creuse), III, 601.
Gujan (Gironde), I, 432, 437, 451, 456.
Gy (Haute-Saône), II, 420, 421, 422, 423, 428.
Gyé (Aube), III, 93, 108.

H

Hautefort (Dordogne), I, 511.
Hautvillers (Marne), III, 404, 407, 409.
Henrichemont (Cher), III, 185.
Héricy (Seine-et-Marne), III, 467, 469.

Hermé (Seine-et-Marne), III, 472.
Huiron (Marne), III, 412.
Hyères (Var), I, 63, 65, 66, 79, 80, 96.

I

Imphy (Nièvre), III, 169.
Ingrandes (Indre-et-Loire), II, 660, 665.
Ingrandes (Loire-Inférieure), II, 603, 604.
Irancy (Yonne), III, 122, 123, 135, 138.
Ispagnac (Lozère), II, 70.

Issoire (Puy-de-Dôme), II, 155, 158, 159, 160, 162, 163, 167, 172, 173, 185, 190; III, 600.
Issoudun (Indre), II, 562, 563, 564, 565, 566, 568, 570, 571, 572, 576, 577, 581.
Istres (Bouches-du-Rhône), I, 181.
Ivry (Eure), III, 538.

J

Jallerange (Doubs), II, 394.
Jard (Charente-Inférieure), II, 498.
Jargeau (Loiret), III, 226, 227.
Jarjayes (Hautes-Alpes), II, 214, 215, 216.
Jarnac (Charente), II, 444.
Jasseron (Ain), II, 355.
Jaulny (Meurthe), III, 314.
Javernant (Aube), III, 94, 112.
Jegun (Gers), I, 375.
Joigny (Yonne), III, 122, 123, 128, 129, 143, 144, 145, 147, 599.
Joinville (Haute-Marne), III, 363.

Jommeillères (Dordogne), I, 564.
Jonzac (Charente-Inférieure), II, 472, 473, 478, 482, 498; III, 598.
Joué (Indre-et-Loire), II, 657, 658, 664, 665.
Joyeuse (Ardèche), II, 97.
Jujurieux (Ain), II, 353, 354, 355, 360.
Jurançon (Basses-Pyrénées), I, 331, 332, 347, 348, 352, 353, 354, 399, 519, 584, 588, 590.
Jussey (Haute-Saône), II, 415.

K

Katsenthal (Haut-Rhin), III, 262.

Kerblaye (Morbihan), III, 577, 578.

L

La Bachellerie (Dordogne), I, 511, 558.
La Bastide-du-Temple (Tarn-et-Garonne), I, 390, 401, 407.
Labéron (Gers), I, 376.
La Buisse (Isère), II, 265.
Lacassagne (Gard), I, 216.
La Chaînette (Yonne), III, 123, 125, 131, 132, 133, 152.

La Chambre (Savoie), II, 283.
La Channoise (Loir-et-Cher), II, 721.
La Chapelle (Loiret), III, 225.
La Chapelle (Lot-et-Garonne), I, 420.
La Chapelle-de-Guinchay (Saône-et-Loire), III, 28, 29, 32, 34, 39, 51, 52.
La Chapelle-Gautier (Seine-et-Marne), III, 467.

La Chapelle-Heulin (Loire-Inférieure), II, 598.

La Charité (Nièvre), III, 170, 171, 172, 173, 176.

La Chartre (Sarthe), II, 614; III, 545, 547, 551, 559.

La Châtre (Indre), II, 562, 563, 564, 565, 567, 568, 571, 572, 576, 577, 581; III, 600.

La Ciotat (Bouches-du-Rhône), I, 66, 196.

La Colle (Alpes-Maritimes), I, 34.

La Côte-Saint-André (Isère), II, 246, 247, 249, 268, 269, 270, 272, 273.

Lacour-Saint-Pierre (Tarn-et-Garonne), I, 383.

Ladon (Loiret), III, 213, 215, 219.

La Ferrière (Vendée), II, 509.

La Ferté (Haute-Marne), III, 361.

La Ferté-sous-Jouarre (Seine-et-Marne), III, 466.

La Flèche (Sarthe), III, 545, 547, 549, 550, 551, 552, 554, 557, 559, 599.

La Fouillouse (Loire), III, 22.

La Gaude (Alpes-Maritimes), I, 27 à 34, 37, 50, 288, 290, 292, 399.

Lagnieu (Ain), II, 360.

Lagny (Seine-et-Marne), III, 466, 477.

Lagnys (Indre), II, 577, 578, 579.

La Grande-Tronche (Isère), II, 261, 265.

La Guépie (Tarn), II, 17.

La Harth (Haut-Rhin), III, 248.

Laines-aux-Bois (Aube), III, 94, 112.

Lalinde (Dordogne), I, 511.

La Loyère (Saône-et-Loire), III, 28, 40.

La Maison-du-Bois (Haute-Saône), II, 423.

La Mothe-Beuvron (Loir-et-Cher), II, 720.

La Mothe-Montravel (Dordogne), I, 471, 478, 497, 511, 525, 552, 557.

La Moutonne (Yonne), III, 123.

La Mure (Isère), II, 246.

Landreville (Aube), III, 93.

La Nerthe (Vaucluse), I, 204, 211, 291.

Langlade (Gard), I, 216, 224, 291, 293.

Laon (Aisne), III, 431, 433, 434, 435, 439, 452, 600.

La Palisse (Allier), III, 153, 158, 164, 600.

La Palotte (Yonne), III, 123.

La Pointe (Maine-et-Loire), II, 615.

La Poissonnière (Maine-et-Loire), II, 615.

La Réole (Gironde), I, 429, 471; III, 598.

L'Argentière (Ardèche), II, 73, 74, 76, 80, 81, 82, 83, 87, 88, 90, 97; III, 599.

La Roche-aux-Moines (Maine-et-Loire), II, 611, 615, 621, 622, 635.

La Roche-Baucourt (Dordogne), I, 511, 524, 565.

La Rochelle (Charente-Inférieure), I, 27; II, 466, 472, 474, 476, 477, 484, 488, 494, 497; III, 598.

La Rousselière (Maine-et-Loire), II, 615.

La Saulce (Hautes-Alpes), II, 215, 217, 223.

La Saulsaie (Ain), II, 366, 367.

Lascazères (Hautes-Pyrénées), I, 345.

La Teste (Gironde), I, 432, 437, 451, 452, 453, 456.

La Tour-du-Pin (Isère), II, 246, 247, 248, 249, 271, 275; III, 600.

Lausanne (Suisse), II, 585.

Lauzerte (Tarn-et-Garonne), II, 36.

Lavaur (Tarn), II, 2, 4, 6, 7, 8, 11, 12, 15, 16, 20; III, 598.

LAVAUX (Suisse), II, 116.

LA VILLEDIEU (Tarn-et-Garonne), I, 383, 384, 388, 407.

LAVOUX (Vienne), II, 542.

LE BEAUSSET (Var), I, 79.

LE BELLET (Alpes-Maritimes), I, 36, 39, 50.

LE BLANC (Indre), II, 564, 581; III, 599.

LE BROC (Puy-de-Dôme), II, 158.

LE BUGUE (Dordogne), I, 511, 558.

LE CHÂTELET (Cher), III, 197, 198.

LE CHICOT (Lot-et-Garonne), I, 427.

LE COUDRAY (Maine-et-Loire), II, 641.

LECTOURE (Gers), III, 598.

LÉDENON (Gard), I, 216, 291, 293.

LE LUDE (Sarthe), III, 545.

LE MANS (Sarthe), III, 545, 547, 551, 557, 558, 559, 599.

LE MESNIL (Marne), III, 404.

LE MONTAT (Lot), II, 32, 34, 41.

LENTIGNY (Loire), III, 25.

LE PAPE-CLÉMENT (Gironde), I, 432, 442.

LE PUY (Haute-Loire), II, 99, 100, 101, 102, 103, 104, 107; III, 601.

LE ROC (Tarn), II, 19.

LES ANDELYS (Eure), III, 537, 599.

LES BOIVINS (Yonne), III, 123, 131.

LES CORMÉBOREAUX (Yonne), III, 123.

LES CÔTES-RÔTIES (Rhône), II, 248, 273; III, 6, 8, 9, 10.

LES DÔLES (Moselle), III, 323, 332, 338.

LES FARCIS (Dordogne), I, 523.

LES FILLES-DIEU (Eure-et-Loir), III, 531.

LES FOUASSIÈRES (Maine-et-Loire), II, 622.

LES GRISÉES (Yonne), III, 123, 150.

LES GROUETS (Loir-et-Cher), II, 688, 689, 716.

LES HAMEAUX (Deux-Sèvres), II, 537.

LES JASNIÈRES (Sarthe), III, 546, 547.

LES MARGUERITES (Yonne), III, 123.

LES MÉES (Basses-Alpes), I, 53, 54, 57, 58, 59, 291.

LES MONTILS (Loir-et-Cher), II, 687, 688, 691, 692.

LES NOËLS (Loir-et-Cher), II, 688, 689, 716.

LES OLIVOTTES (Yonne), III, 123.

LESPARRE (Gironde), I, 429; III, 598.

LES PENNES (Bouches-du-Rhône), 193.

LES PÉRELLES (Allier), III, 156, 157, 160.

LES PERRIÈRES (Yonne), III, 123.

LES PRÉAUX (Yonne), III, 123.

LES RICEYS (Aube), I, 523; III, 93, 94, 95, 101, 102, 106, 107, 108, 109.

LES ROCHES (Puy-de-Dôme), II, 158.

LESSEY (Doubs), II, 413.

LES VANS (Ardèche), II, 82, 97.

LE TEICH (Gironde), I, 432.

LE VEAU (Yonne), III, 123.

LE VICBILLE (Basses-Pyrénées), I, 347, 348, 353.

LE VIGAN (Gard), III, 598.

LEYNE (Saône-et-Loire), III, 32, 52.

L'HERMITAGE (Drôme), II, 225, 227, 228, 229, 230, 231, 234, 236, 237, 239, 265.

L'HOMME (Sarthe), III, 552.

LIANCOURT (Oise), III, 481, 482.

LIBOURNE (Gironde), I, 444, 461, 462, 463, 470, 471, 483, 492, 499, 510, 511; III, 598.

L'ILE-BOUCHARD (Indre-et-Loire), II, 678.

L'ILE-EN-JOURDAIN (Gers), I, 368.

LIMAY (Seine-et-Oise), III, 499.

LIMOGES (Haute-Vienne), II, 139, 147, 154; III, 600.

LIMOUX (Aude), I, 257, 260, 261, 262, 263, 270, 291.

Liouville (Meuse), III, 348, 349, 350, 462.
Lirac (Gard), I, 215.
L'Isle (Vaucluse), I, 205.
Livron (Drôme), II, 227.
Livry (Nièvre), III, 169.
Loches (Aube), III, 93.
Loches (Indre-et-Loire), II, 651; III, 599.
Lodève (Hérault), III, 598.
Lombez (Gers), I, 367, 368; III, 598.
Longpont (Seine-et-Oise), III, 500.
Longwé (Ardennes), III, 379.
Lons-le-Saunier (Jura), II, 369, 370, 378, 387, 389, 390; III, 600.
Lorgues (Var), I, 66.
Loroux-Bottereau (Loire-Inférieure), II, 596, 598, 599.
Lorrez (Seine-et-Marne), III, 472.
Lorry-devant-le-Pont (Moselle), III, 323, 329, 337, 338.
Louchy (Allier), III, 164.

Loudun (Vienne), II, 531, 541, 542, 544, 545, 550, 551, 554 à 558, 634, 726; III, 599.
Louhans (Saône-et-Loire), III, 29, 599.
Louviers (Eure), III, 537.
Loyes (Ain), II, 344.
Lucs (Vendée), II, 507, 508.
Ludes (Marne), III, 407.
Ludon (Gironde), I, 436, 443, 444, 448, 455, 480.
Lugny (Saône-et-Loire), III, 28.
Lunel (Hérault), I, 181, 247, 248, 291.
Lunéville (Meurthe), III, 303, 304, 601.
Lure (Haute-Saône), II, 415; III, 600.
Lury (Cher), III, 184.
Luxeuil (Haute-Saône), II, 415.
Luynes (Indre-et-Loire), II, 670.
Luzech (Lot), II, 23, 28, 29, 34.
Lyon (Rhône), II, 246, 247, 344. 642; III, 2, 21, 600.

M

Machault (Seine-et-Marne), III, 467.
Machemont (Oise), III, 483.
Machurat (Ain), II, 347.
Mâcon (Saône-et-Loire), II, 343; III, 27, 28, 30, 34, 599.
Madiran (Hautes-Pyrénées), I, 331, 332, 336, 343, 344, 345, 348, 519, 580, 584, 590.
Magnac (Haute-Vienne), II, 141, 153.
Maignelay (Oise), III, 481, 483.
Mailley (Haute-Saône), II, 428.
Mailly (Marne), III, 404, 407.
Maincy (Seine-et-Marne), III, 467.
Mainville (Aisne), III, 448.
Mainvilliers (Eure-et-Loir), III, 520.
Malicorne (Sarthe), 547, 559, 560.
Malijay (Basses-Alpes), I, 58, 59.
Mandres (Seine-et-Oise), III, 119.

Manicle (Ain), II, 347.
Manosque (Basses-Alpes), I, 53, 54, 57.
Mantes (Seine-et-Oise), III, 498, 499, 501, 599.
Maranville (Haute-Marne), III, 356, 363, 364, 368, 369, 371.
Maraussan (Hérault), I, 247, 291.
Marciac (Gers), I, 368.
Marcillac (Aveyron), II, 43, 44, 45, 48, 49, 50, 53, 57, 58, 60, 61, 63, 64.
Marçon (Sarthe), III, 547, 553.
Marennes (Charente-Inférieure), II, 472, 474, 476, 477, 488, 498; III, 598.
Mareuil (Dordogne), I, 511, 523, 525, 548, 550.
Mareuil (Marne), III, 404, 407.

Mareuil (Vendée), II, 503, 504, 505, 507, 508, 513.

Margny (Oise), III, 484.

Marigny-Brizay (Haute-Vienne), II, 545.

Marmande (Lot-et-Garonne), I, 424; III, 597.

Marsauceux (Eure-et-Loir), III, 532, 534.

Marsaunay (Côte-d'Or), III, 79, 82, 83.

Marseille (Bouches-du-Rhône), I, 179, 184, 185, 186, 191, 197, 198, 199; III, 597.

Martel (Lot), II, 37, 40, 41.

Martigné-Briand (Maine-et-Loire), II, 615.

Martilly (Allier), III, 156.

Marvejols (Lozère), II, 67, 68, 70, 71; III, 601.

Marzy (Nièvre), III, 170, 171, 172, 173, 176.

Massereau (Gard), I, 225.

Massiac (Cantal), II, 115, 116.

Maubourguet (Hautes-Pyrénées), I, 330, 345, 584.

Mauléon (Basses-Pyrénées), III, 598.

Maurs (Cantal), II, 117.

Mauzé (Deux-Sèvres), II, 517, 519.

Mayet (Sarthe), III, 553.

Mazères (Gers), I, 376.

Meaux (Seine-et-Marne), III, 476, 477, 478, 599.

Mehun (Cher), III, 184.

Meillonnas (Ain), II, 356.

Meistras (Gironde), I, 432, 437, 451.

Melay (Saône-et-Loire), III, 40.

Melle (Deux-Sèvres), II, 517, 518, 519, 523, 525, 531; III, 599.

Melun (Seine-et-Marne), III, 466, 468, 472, 599.

Menars (Loir-et-Cher), II, 688, 690, 694, 717.

Mende (Lozère), II, 67, 69, 117; III, 601.

Ménétru (Jura), II, 391.

Mennetou (Loir-et-Cher), II, 690.

Menthon (Haute-Savoie), II, 332, 335, 336.

Mer (Loir-et-Cher), II, 688, 690, 694, 717.

Mercurey (Saône-et-Loire), III, 28, 29, 30, 40, 41, 43, 51.

Merfy (Marne), III, 408.

Méru (Oise), III, 481.

Messanges (Landes), I, 357, 588.

Mettray (Indre-et-Loire), II, 679.

Metz (Moselle), I, 91; III, 323, 332.

Meudon (Seine-et-Oise), III, 498, 505, 506, 507.

Meung (Loiret), III, 225.

Meursault (Côte-d'Or), III, 66, 99.

Meyssac (Corrèze), II, 37, 129, 135, 136.

Mézel (Puy-de-Dôme), II, 158, 173, 191.

Miélan (Gers), I, 368.

Migraine (Yonne), III, 123, 125, 131, 132, 133, 152.

Milhau (Aveyron), II, 47, 49, 61; III, 600.

Mindin (Loire-Inférieure), II, 594.

Mirambeau (Charente-Inférieure), II, 478.

Mirande (Gers), I, 367, 368, 369, 378, 584; III, 598.

Mirecourt (Vosges), III, 287, 289, 296, 297, 298, 601.

Miserev (Doubs), II, 394, 397, 408, 409, 410, 412.

Moirans (Isère), II, 246, 247, 262.

Moissac (Tarn-et-Garonne), I, 381, 386, 387, 390, 393, 394; III, 598.

Moita (Corse), I, 119, 127.

Molsheim (Bas-Rhin), III, 273.

Mommenheim (Bas-Rhin), III, 273.

Monbazillac (Dordogne), I, 524, 539, 543, 546, 558.

Monbeton (Tarn-et-Garonne), I, 383, 384.

Mondot (Gironde), I, 490, 495, 502.

Monnières (Loire-Inférieure), II, 599.

Montabon (Sarthe), III, 547, 553.

Montagrier (Dordogne), I, 520.

Montailleur (Savoie), II, 277, 290.

Montamisé (Vienne), II, 559.

Montargis (Loiret), III, 205, 206, 213, 221, 222, 599.

Montauban (Tarn-et-Garonne), I, 381, 382, 386, 391, 398, 403, 409, 417; III, 598.

Montbard (Côte-d'Or), III, 86, 90, 91.

Montbéliard (Doubs), III, 601.

Montbrison (Loire), III, 22, 23; III, 600.

Montcuq (Lot), II, 23, 36.

Mont-de-Marsan (Landes), I, 364; III, 597.

Mont-de-Milieu (Yonne), III, 123.

Montélimart (Drôme), II, 226, 239, 241, 242, 243; III, 598.

Montfort (Ille-et-Vilaine), III, 599.

Montfort-l'Amaury (Seine-et-Oise), III, 502.

Montgueux (Aube), III, 94, 112, 113, 117.

Monthéry (Marne), III, 410.

Monthou (Loir-et-Cher), II, 688, 691.

Montier-en-l'Ile (Aube), III, 95.

Montignac (Dordogne), I, 511.

Montignac (Tarn-et-Garonne), I, 382.

Montigny (Eure-et-Loir), III, 516, 534.

Montilly (Allier), III, 159.

Montjuzet (Puy-de-Dôme), II, 158.

Montlivault (Loir-et-Cher), II, 688, 716, 717.

Montluçon (Allier), III, 599.

Montluel (Ain), II, 343, 344, 365, 366, 367.

Montmédy (Meuse), III, 596, 601.

Montmélian (Savoie), II, 277, 281, 282, 290, 347.

Montmorency (Seine-et-Oise), III, 503, 505, 506.

Montmorillon (Vienne), II, 541, 542, 544; III, 599.

Montoire (Loir-et-Cher), II, 685, 722, 723.

Montord (Allier), III, 156.

Montpellier (Hérault), I, 249; III, 597.

Montredon (Tarn), II, 2.

Montrichard (Loir-et-Cher), II, 26, 687, 688, 690, 698, 703, 706, 712, 715, 721.

Montricoux (Tarn-et-Garonne), I, 382.

Monts (Indre-et-Loire), II, 675.

Mont-Terminot (Savoie), II, 290.

Montvaleur (Lot), II, 37.

Montvallon (Yonne), III, 145.

Morains (Maine-et-Loire), II, 615, 624, 631, 641.

Moranges (Gironde), I, 459.

Morée (Loir-et-Cher), II, 723.

Morey (Côte-d'Or), III, 85.

Morfontaine (Aube), III, 99.

Morgon (Rhône), III, 30.

Morières (Vaucluse), I, 206, 207.

Motte-de-Vesoul (Haute-Saône), II, 424, 425, 426, 427.

Moulaintille (Meuse), III, 352.

Moulin-à-Vent (Saône-et-Loire), III, 30, 32, 34, 52.

Moulins (Allier), III, 153, 155, 158, 160, 165, 166, 600.

Moulon (Gironde), I, 480.

Mouray (Vienne), II, 560.

Mouthiers (Doubs), II, 394, 411.

Mouton (Puy-de-Dôme), II, 158.

Mouy (Oise), III, 482.

Mouzillon (Loire-Inférieure), II, 598.

Mugron (Landes), I, 356, 365.

Mulhouse (Haut-Rhin), III, 247, 250, 452.

Muret (Haute-Garonne), I, 313, 314, 320, 322, 323, 327; III, 598.

Musiége (Haute-Savoie), II, 338.

Mussidan (Dordogne), I, 511, 525.

N

Naives (Meuse), III, 350.

Nancelles (Saône-et-Loire), III, 28, 52.

Nancy (Meurthe), III, 303, 304, 321, 322, 600.

Nantes (Loire-Inférieure), II, 589, 594, 596, 603.

Nantua (Ain), II, 343, 344; III, 601.

Napoléon-Vendée (Vendée), II, 503; III, 598.

Narbonne (Aude), I, 257, 258, 260; III, 597.

Navenne (Haute-Saône), II, 424, 427.

Neffes (Hautes-Alpes), II, 214.

Nérac (Lot-et-Garonne), I, 422, 423, 424, 590; III, 598.

Neufchâteau (Vosges), III, 287, 289, 297, 298, 601.

Neuillé (Maine-et-Loire), II, 632.

Neustadt (Bavière rhénane), III, 280.

Neuville (Aube), III, 93.

Neuville (Vienne), II, 540, 541, 545, 546, 556, 559.

Neuwiller (Bas-Rhin), III, 271, 273.

Nevers (Nièvre), III, 169, 170, 176, 600.

Nice (Alpes-Maritimes), I, 23, 24, 35, 38 à 47, 186, 289, 292; III, 597.

Nîmes (Gard), I, 181, 199, 216, 226, 236; III, 597.

Niort (Deux-Sèvres), II, 517, 518, 519, 521, 523, 525, 528, 530, 531, 535.

Nitray (Indre-et-Loire), II, 667.

Niversac (Dordogne), I, 514.

Noailles (Oise), III, 481.

Noé (Haute-Garonne), I, 323, 327.

Nogent (Sarthe), III, 553.

Nogent-sur-Seine (Aube), III, 93, 599.

Noidans (Haute-Saône), II, 424.

Noizay (Indre-et-Loire), II, 679.

Nonancourt (Eure), III, 537, 538, 539.

Nontron (Dordogne), I, 382, 511, 515, 519, 523, 524, 525, 526, 543, 544, 546; III, 599.

Novion (Ardennes), III, 380.

Noyers (Loir-et-Cher), II, 687, 688, 690, 697, 701.

Noyon (Oise), III, 480, 481, 490, 491.

Nozieux (Loir-et-Cher), II, 688, 693, 715.

Nuaillé (Charente-Inférieure), II, 466, 495.

Nueil (Maine-et-Loire), II, 609, 615.

Nuits (Côte-d'Or), III, 57.

Nyons (Drôme), III, 599.

O

Obernay (Bas-Rhin), III, 273.

Oiron (Deux-Sèvres), II, 528.

Oléron (Charente-Inférieure), II, 472, 476, 477, 488.

Olivet (Loiret), III, 222, 228.

Ollioules (Var), I, 65.

Oloron (Basses-Pyrénées), III, 598.

Olwiller (Haut-Rhin), III, 244, 254, 264.

Onville (Meurthe), III, 314.

ORANGE (Vaucluse), I, 204, 206; III, 597.

ORLÉANS (Loiret), III, 220, 221, 222, 228, 231, 599.

ORNANS (Doubs), II, 394, 411, 412, 413.

ORTHEZ (Basses-Pyrénées), I, 351, 362.

ORX (Landes), I, 365, 366.

P

PAGNAC (Haute-Vienne), II, 139, 141.

PAGNY-SUR-MOSELLE (Meurthe), III, 304, 314, 315.

PAIMBŒUF (Loire-Inférieure), II, 591, 594, 595; III, 598.

PALAISEAU (Seine-et-Oise), III, 498, 507.

PAMIERS (Ariége), I, 301, 304, 308, 310, 311, 584; III, 598.

PARIS (Seine), I, 373; III, 466, 505, 506, 599.

PARTHENAY (Deux-Sèvres), II, 517, 527; III, 599.

PAU (Basses-Pyrénées), I, 347, 580; III. 598.

PÉCHARMENT (Dordogne), I, 523, 543.

PÉLUSSIN (Loire), III, 22.

PENNE (Lot-et-Garonne), I, 382.

PÉRIGNY (Charente-Inférieure), II, 484.

PÉRIGUEUX (Dordogne), I, 511, 523, 525, 526, 543, 552, 584; III, 598.

PERNES (Vaucluse), I, 205.

PÉROUSE (Gard), I, 216.

PERPIGNAN (Pyrénées-Orientales), I, 272, 276, 277, 278, 279; III, 597.

PERREUX (Loire), III, 24, 25.

PEYRIGUÈRE (Hautes-Pyrénées), I, 331, 332, 335, 344, 345, 584, 590.

PIERREFITE (Seine), III, 512.

PIERRY (Marne), III, 397, 400, 404, 407, 428, 430.

PIETRA (Corse), I, 119, 127.

PITHIVIERS (Loiret), III, 205, 206, 213, 221, 599.

PITOIS (Yonne), III, 123.

PLAISANCE (Gers), I, 367, 368.

POISSY (Seine-et-Oise), III, 507.

POITIERS (Vienne), II, 540, 541, 544, 545, 546, 550, 555, 557, 559, 727; III, 599.

POLIGNY (Jura), II, 369, 370, 371, 376, 377, 379, 387, 389, 390; III, 600.

POMARD (Côte-d'Or), I, 173; III, 66, 74, 78, 85.

POMPOIS (Deux-Sèvres), II, 537.

PONS (Charente-Inférieure), II, 478, 498.

PONT-À-MOUSSON (Meurthe), III, 304, 307, 308.

PONT-DE-VAUX (Ain), II, 343, 344.

PONT-DE-VEYLE (Ain), II, 343.

PONTEYRAUD (Dordogne), I, 524, 566.

PONTLIEUE (Sarthe), III, 552.

PONTOISE (Seine-et-Oise), III, 503, 599.

PONT-SAINTE-MAXENCE (Oise), III, 481, 482, 488.

PONT-SAINT-ESPRIT (Gard), I, 215.

PORTO-VECCHIO (Corse), I, 105.

PORT-VENDRES (Pyrénées-Orientales), I, 272, 275, 278, 281, 283, 290, 320.

POUGUES (Nièvre), III, 170, 171.

POUILLEY (Doubs), II, 394.

POUILLY (Saône-et-Loire), II, 414; III, 28, 30, 31, 44, 51.

POUILLY-SUR-LOIRE (Nièvre), III, 169, 174, 176, 177, 178, 179, 180.

PRADES (Pyrénées-Orientales), III, 598.

PRAUTHOY (Haute-Marne), III, 361, 366.

PRÉPATOUR (Loir-et-Cher), II, 723.

Pressigny (Haute-Marne), III, 355, 363, 364, 366, 368, 369.

Prinsens (Savoie), II, 277, 291.

Privas (Ardèche), II, 73, 74, 76, 80, 82, 83, 87, 88, 90, 97; III, 599.

Provins (Seine-et-Marne), III, 470, 472, 474, 477, 600.

Pruzilly (Saône-et-Loire), III, 32.

Publier (Haute-Savoie), II, 304, 312.

Puech-Ferrier (Gard), I, 225.

Puisseguin (Gironde), I, 503, 504.

Pujet-Théniers (Alpes-Maritimes), I, 23, 25, 39.

Pujols (Lot-et-Garonne), I, 419.

Puligny (Côte-d'Or), III, 66.

Puteaux (Seine), III, 512, 513.

Puyferras (Dordogne), I, 524, 525, 560.

Puy-l'Évêque (Lot), II, 23, 36.

Puy-Mort (Hautes-Alpes), II, 218.

Q

Querty (Nièvre), III, 169, 170, 176.

Quétard (Yonne), III, 123, 131.

Queyssac (Corrèze), II, 132.

Quincey (Haute-Saône), II, 424, 427.

Quingey (Doubs), II, 394, 396, 410, 411, 412.

Quintigny (Jura), II, 389.

R

Rabastens (Gers), I, 368.

Rablay (Maine-et-Loire), II, 615.

Rambouillet (Seine-et-Oise), III, 500, 501, 502, 600.

Raphèle (Bouches-du-Rhône), I, 200.

Ré (Île de) (Charente-Inférieure), II, 472, 476, 477, 478, 488, 489, 497.

Redon (Ille-et-Vilaine), III, 569, 598.

Reims (Marne), I, 91; III, 386, 388, 389, 390, 391, 393, 404, 405, 408, 409, 431, 434, 438, 456, 600.

Rembercourt (Meurthe), III, 314.

Remiremont (Vosges), III, 601.

Remollon (Hautes-Alpes), II, 214, 215, 217, 219, 224.

Remoulins (Gard), 226.

Renaison (Loire), III, 25.

Reutel (Tarn), II, 19.

Ressons (Aisne), III, 447, 450, 451, 452.

Restigné (Indre-et-Loire), II, 650, 658, 660, 665.

Rethel (Ardennes), II, 69; III, 354, 362, 375, 380, 382, 383, 384, 600.

Rhodt (Bavière rhénane), III, 280, 281.

Ribeauvillé (Haut-Rhin), III, 244, 254, 261, 262, 263.

Ribécourt (Oise), III, 483, 494.

Ribérac (Dordogne), I, 511, 515, 519, 520, 524, 544; III, 598.

Rilly (Marne), III, 407.

Riom (Puy-de-Dôme), II, 155, 158, 159, 160, 162, 163, 173, 176, 184, 188, 191, 192, 194; III, 600.

Riousse (Nièvre), III, 169, 174, 175, 176.

Riquewihr (Haut-Rhin), III, 247, 253, 254, 256, 260, 261, 263.

Riscle (Gers), I, 368.

Rive-de-Gier (Loire), III, 21.

RIVESALTES (Pyrénées-Orientales), I, 272, 276, 277, 278, 279, 280, 283, 288, 291.

ROANNE (Loire), III, 22, 24, 25, 600.

ROCHECHOUART (Haute-Vienne), II, 139, 147; III, 598.

ROCHECORBON (Indre-et-Loire), II, 679.

ROCHEFORT (Charente-Inférieure), II, 472, 474, 476, 498; III, 598.

ROCHEMAURE (Ardèche), II, 97.

RODEZ (Aveyron), II, 45, 47, 48, 57, 61, 64; III, 601.

ROMANÈCHE (Saône-et-Loire), III, 29, 30, 32, 34.

ROMORANTIN (Loir-et-Cher), II, 683, 685, 687, 688, 689, 690, 691, 695, 696, 697, 699, 701, 702, 703, 719, 720; III, 599.

ROQUEFORT (Landes), I, 355, 356.

ROQUEMAURE (Gard), I, 215, 220, 226, 232, 291, 293.

ROQUEVAIRE (Bouches-du-Rhône), I, 291.

ROSIÈRES (Meuse), III, 350.

ROUFFACH (Haut-Rhin), III, 244, 254, 264.

ROUFFIAC (Tarn), II, 19.

ROUGEMONT (Doubs), II, 413.

ROUSSILLON (Isère), II, 246, 273, 274.

ROUVRE (Yonne), III, 123.

ROUVRES (Eure-et-Loir), III, 534.

ROVILLE (Meurthe), III, 315, 316.

RUFFEC (Charente), II, 441, 444, 452; III, 598.

RUFFIEUX (Savoie), II, 278, 282, 290, 292.

RUFFIN (Ain), II, 368.

RUGY (Moselle), III, 331.

RULLY (Saône-et-Loire), III, 28, 40, 41, 50, 51.

RUPT (Meuse), III, 351.

RUSSÉ (Maine-et-Loire), II, 632.

S

SABLÉ (Sarthe), III, 545.

SABLES-D'OLONNE (Vendée), II, 503, 505, 507, 509; III, 598.

SACHÉ (Indre-et-Loire), II, 679.

SAINT-AFFRIQUE (Aveyron), II, 47, 50, 61; III, 599.

SAINT-AGNANT (Meuse), III, 348, 349, 350.

SAINT-AIGNAN (Loir-et-Cher), II, 687, 688, 690, 696, 697, 699, 701, 702, 703, 707, 721.

SAINT-ALBAN (Loire), III, 25.

SAINT-AMAND (Cher), III, 183, 184, 195, 196, 197, 198, 599.

SAINT-AMOUR (Ain), II, 344, 378.

SAINT-AMOUR (Saône-et-Loire), III, 32, 52.

SAINT-ANDRÉ (Gard), I, 216.

SAINT-ANDRÉ-D'APCHON (Loire), III, 25.

SAINT-ANTOINE (Corse), I, 149, 153.

SAINT-ASTIER (Dordogne), I, 511, 524, 525.

SAINT-AULAYE (Dordogne), I, 511, 524, 525, 567, 570.

SAINT-AVERTIN (Indre-et-Loire), II, 664, 669, 679.

SAINT-AY (Loiret), III, 229.

SAINT-BASLE (Marne), III, 407.

SAINT-BAUDIÈRE (Nièvre), III, 170, 171, 172.

SAINT-BAUDRY (Aisne), III, 447.

SAINT-BENIN-D'AZY (Nièvre), III, 169, 170, 173, 176.

SAINT-BONNET (Charente-Inférieure), II, 473, 478.

SAINT-BONNET (Puy-de-Dôme), II, 158, 191, 194.

SAINT-BRÉVIN (Loire-Inférieure), II, 591, 594.

Saint-Calais (Sarthe), III, 547, 550, 551, 552, 557, 558, 559, 599.

Saint-Chamas (Bouches-du-Rhône), I, 181, 200.

Saint-Chamond (Loire), III, 22.

Saint-Christophe (Aveyron), II, 61.

Saint-Christophe-de-Pomerol (Gironde), I, 488, 503, 504.

Saint-Claude (Jura), II, 369; III, 601.

Saint-Claude (Loir-et-Cher), II, 715.

Saint-Cyprien (Dordogne), I, 511, 523, 525, 545.

Saint-Cyr-sur-Loire (Indre-et-Loire), II, 671.

Saint-Denis (Eure-et-Loir), III, 531.

Saint-Denis (Loiret), III, 226.

Saint-Denis (Seine), III, 511, 599.

Saint-Denis-d'Anjou (Mayenne), III, 565, 566, 568.

Saint-Dizier (Haute-Marne), III, 361, 371, 410.

Sainte-Cécile (Vaucluse), I, 214.

Sainte-Colombe (Lot-et-Garonne), I, 427.

Sainte-Colombe (Rhône), III, 6.

Sainte-Foy (Gironde), I, 461, 471, 503.

Sainte-Foy (Rhône), II, 642; III, 6, 10.

Sainte-Hermine (Vendée), II, 505, 506, 508, 513, 516.

Sainte-Menehould (Marne), III, 388, 391, 600.

Saint-Émilion (Gironde), I, 173, 174, 399, 402, 437, 456, 461, 466, 469, 470, 478, 480, 488, 489, 492, 494, 496, 497, 498, 499, 502, 503, 504, 588.

Saintes (Charente-Inférieure), II, 473, 478, 482, 498; III, 598.

Sainte-Savine (Aube), III, 112, 113.

Saint-Estèphe (Gironde), I, 523.

Saint-Étienne (Loire), III, 21, 22, 23, 601.

Saint-Étienne-de-Fontbellon (Ardèche), II, 82.

Sainte-Verge (Deux-Sèvres), II, 537.

Saint-Fargeau (Seine-et-Marne), III, 467, 468, 469.

Saint-Florent (Corse), I, 101.

Saint-Fort (Charente), II, 449, 450.

Saint-Front-de-Pradoux (Dordogne), I, 576.

Saint-Gabriel (Loire-Inférieure), II, 590.

Saint-Gaudens (Haute-Garonne), I, 302, 313, 314, 323, 325, 326, 327, 330, 584; III, 599.

Saint-Genez (Gironde), I, 469.

Saint-Geniez (Aveyron), II, 48.

Saint-Geniez (Gard), I, 215.

Saint-Georges (Loir-et-Cher), II, 687, 690, 698, 703, 707, 715.

Saint-Georges (Vienne), II, 540, 541, 546, 555, 556, 559.

Saint-Georges-d'Orques (Hérault), I, 248, 260, 291.

Saint-Géraud (Allier), III, 156.

Saint-Germain-des-Fossés (Allier), III, 156, 166.

Saint-Gilles (Gard), I, 181, 215, 216, 217, 219, 224.

Saint-Gilles (Vendée), II, 508.

Saint-Girons (Ariége), I, 302, 312, 330, 584; III, 599.

Saint-Goublin (Nièvre), III, 169, 170, 176.

Saint-Haon (Loire), III, 25.

Saint-Hilaire (Vienne), II, 560.

Saint-Hilaire-du-Bois (Charente-Inférieure), II, 472.

Saint-Hippolyte (Gironde), I, 488.

Saint-Hippolyte (Haut-Rhin), III, 244, 272, 456.

Saint-Jacques (Yonne), III, 123, 143,

SAINT-JEAN-D'ANGÉLY (Charente-Inférieure). II, 472, 474, 476, 497; III, 598.

SAINT-JEAN-DE-BOISEAU (Loire-Inférieure), II, 600.

SAINT-JEAN-DE-BOURNAY (Isère), II, 246, 249, 273.

SAINT-JEAN-DE-LA-PORTE (Savoie), II, 290, 347.

SAINT-JEAN-DE-MAURIENNE (Savoie), II, 279, 286, 291; III, 601.

SAINT-JOSEPH (Ardèche), II, 97.

SAINT-JULIEN (Haute-Savoie), II, 299, 300, 334, 338, 339, 340, 341, 342; III, 601.

SAINT-JULIEN (Rhône), III, 10.

SAINT-JULIEN (Vienne), II, 540, 541.

SAINT-JULIEN-EN-MAURIENNE (Savoie), II, 277, 281, 289.

SAINT-JUNIEN (Haute-Vienne), II, 140, 141, 142, 150, 151.

SAINT-JUST (Charente-Inférieure), II, 476.

SAINT-JUST-EN-CHAUSSÉE (Oise), III, 481.

SAINT-LAURENT (Gironde), I, 488, 503.

SAINT-LAURENT-DU-VAR (Alpes-Maritimes), I, 36, 38, 39, 48.

SAINT-LAY (Dordogne), I, 523.

SAINT-LÉGER (Saône-et-Loire), III, 28, 40, 50, 51.

SAINT-LÉGER (Vienne), II, 553.

SAINT-LOUP (Nièvre), III, 174.

SAINT-MAGNE (Gironde), I, 488.

SAINT-MAIXENT (Deux-Sèvres), II, 518.

SAINT-MARC (Indre-et-Loire), II, 665.

SAINT-MARCEL (Indre), II, 576.

SAINT-MARCELLIN (Isère), II, 227, 246, 248, 249, 265, 267, 268, 270.

SAINT-MARTIN (Bouches-du-Rhône), I, 200.

SAINT-MARTIN (Hautes-Alpes), II, 216.

SAINT-MARTIN (Moselle), III, 323, 338.

SAINT-MARTIN (Savoie), II, 277.

SAINT-MARTIN-DE-SEIGNAUX (Landes), I, 365.

SAINT-MAURICE (Puy-de-Dôme), II, 158.

SAINT-MÉDARD-DE-MUSSIDAN (Dordogne), I, 576.

SAINT-MICHEL (Marne), III, 410.

SAINT-MICHEL (Meuse), III, 351.

SAINT-MICHEL (Savoie), II, 277, 279, 281, 286.

SAINT-MICHEL (Yonne), III, 123.

SAINT-MIHIEL (Meuse), III, 350, 351.

SAINT-NEXANS (Dordogne), I, 524.

SAINT-NICOLAS (Indre-et-Loire), II, 650, 660.

SAINT-NIZIER (Isère), II, 265.

SAINT-ORSE (Dordogne), I, 523.

SAINT-OUEN (Vendée), II, 515.

SAINT-PANTALY (Dordogne), I, 511, 523, 525.

SAINT-PAUL (Alpes-Maritimes), I, 34, 39.

SAINT-PÉRAY (Ardèche), II, 91, 97.

SAINT-PÈRE (Nièvre), III, 174.

SAINT-PIERRE-D'ALBIGNY (Savoie), II, 277, 281, 290.

SAINT-PIERRE-LE-DÉCHAUSSELAT (Ardèche), II, 82.

SAINT-PIERRE-LE-MOUTIER (Nièvre), III, 169, 170.

SAINT-PONS (Hérault), III, 599.

SAINT-POURÇAIN (Allier), I, 168; III, 153, 156, 157, 160, 166, 167.

SAINT-RAMBERT (Ain), II, 344.

SAINT-RAMBERT (Isère), II, 246.

SAINT-RÈGLE (Indre-et-Loire), II, 667.

SAINT-ROMAIN (Charente-Inférieure), II, 473.

SAINT-SATUR (Cher), III, 188.

SAINT-SEVER (Landes), I, 362; III, 596.

SAINT-SORLIN (Charente-Inférieure), II, 472, 478, 484.

SAINT-SORLIN (Saône-et-Loire), III, 28.

SAINT-SYMPHORIEN (Indre-et-Loire), II, 679.

Saint-Thierry (Marne), III, 407, 408, 410.

Saint-Thomas (Charente-Inférieure), II, 473.

Saint-Tropez (Var), I, 65.

Saint-Urbain (Haute-Marne), III, 364.

Saint-Vérand (Saône-et-Loire), III, 32.

Saint-Victor (Dordogne), I, 524.

Saint-Victurnien (Haute-Vienne), II, 139, 141.

Salces (Pyrénées-Orientales), I, 272, 277, 279, 283.

Salève (Haute-Savoie), II, 338, 339.

Salins (Jura), II, 374, 377, 379, 384, 387, 389, 390.

Salins (Meurthe), III, 303.

Sallanches (Haute-Savoie), II, 300.

Salles (Gironde), I, 432.

Salon (Bouches-du-Rhône), I, 181.

Sancerre (Cher), III, 183, 185, 188, 190, 191, 202, 600.

Sandillon (Loiret), III, 226.

Santenay (Côte-d'Or), III, 57.

Sarlat (Dordogne), I, 511, 523, 525, 543, 545, 546; III, 598.

Sarrebourg (Meurthe), III, 600.

Sarreguemines (Moselle), III, 600.

Sartène (Corse), I, 109, 119.

Sarzeau (Morbihan), III, 573, 574, 576, 579.

Saucé (Dordogne), I, 524.

Saumur (Maine-et-Loire), II, 531, 607, 610, 611, 615, 616, 617, 624, 625, 626, 632, 634, 635, 636, 637, 641, 726, 728; III, 598.

Sauterne (Gironde), I, 175, 444, 447, 456, 458.

Savennières (Maine-et-Loire), II, 615.

Saverdun (Ariége), I, 301, 304, 308, 311, 580.

Saverne (Bas-Rhin), III, 600.

Savigny-sous-Beaune (Côte-d'Or), I, 523; III, 69.

Sceaux (Seine), III, 511, 512, 513, 600.

Schelestadt (Bas-Rhin), III, 273, 600.

Schwindratsheim (Bas-Rhin), III, 271, 273.

Scy (Moselle), III, 323, 329, 337.

Sedan (Ardennes), III, 375, 594, 595, 600.

Segonzac (Charente), II, 441, 444.

Segoule (Nièvre), III, 170.

Segré (Maine-et-Loire), II, 610.

Selles (Loir-et-Cher), II, 687, 688, 690.

Semons (Isère), II, 273.

Semur (Côte-d'Or), III, 86, 87, 89, 90, 128, 132, 235.

Senlis (Oise), III, 483, 485, 486, 488, 600.

Sens (Yonne), III, 599.

Sère (Puy-de-Dôme), II, 158.

Sérignan (Vaucluse), I, 205, 208, 209, 214.

Seur (Loir-et-Cher), II, 690, 717.

Sèvres (Seine-et-Oise), III, 505, 506, 507.

Seyssel (Haute-Savoie), II, 300, 332, 334, 338, 339, 433.

Sézanne (Marne), III, 388, 410.

Sillery (Marne), II, 638, 404, 406, 414, 415, 430.

Sisteron (Basses-Alpes), I, 54.

Soissons (Aisne), III, 433, 434, 435, 437, 439, 441, 446, 599.

Solférino (Landes), I, 366.

Solignac (Dordogne), I, 526.

Solutré (Saône-et-Loire), III, 31.

Sommières (Gard), I, 218, 224.

Sorges (Dordogne), I, 511, 514, 524, 525, 541, 559.

Sorgues (Vaucluse), I, 204, 206.

Souillac (Tarn-et-Garonne), I, 382.

Souillac (Dordogne), I, 526.

Soulages (Corrèze), II, 123, 126.

Conduite de la vigne en jouelles, à Marseille, I, 184; — pleine, à Aubagne (Bouches-du-Rhône), I, 194; — en jouelles, à Aubagne (Bouches-du-Rhône), I, 195; — ordinaire et à longs bras, à Condorcet (Vaucluse), I, 210; — à la Nerthe (Vaucluse), I, 211; — dans l'Hérault, I, 240-244; — dans les Pyrénées-Orientales, I, 274-275; — à Saverdun (Ariége), I, 304; — à Varilles et Foix (Ariége), I, 305; — à Varilles et Foix (Ariége), I, 308; — dans la Haute-Garonne, I, 320-321; — sur arbres, dans la Haute-Garonne, I, 324-325-326; — sur poteaux avec croix, Hautes-Pyrénées, I, 331-333; — en espalier, Hautes-Pyrénées, I, 334; — basse, Hautes-Pyrénées, I, 338-339; — en espalier, Basses-Pyrénées, I, 349; — en archet, à Orthez (Basses-Pyrénées), I, 351; — en picpoule, à Orthez (Basses-Pyrénées), I, 352; — à Capbreton (Landes), I, 358-360-362; — en vignes basses tendues, Gers, I, 369; — en éventail, à Auch (Gers), I, 370; — à Bressols (Tarn-et-Garonne), I, 402; — sur carassons et fil de fer, à la Bastide-du-Temple (Tarn-et-Garonne), I, 402; — à la Bastide-du-Temple (Tarn-et-Garonne), ancien type, I, 403; — à deux astes et cinq coursons, Tarn-et-Garonne, I, 409; — à deux astes et cinq coursons; Tarn-et-Garonne, I, 411; — (projet de), Tarn-et-Garonne, I, 413; — renouvelée, à Tempé (Tarn-et-Garonne), I, 414; — (chasselas dorés et roses), Montauban (Tarn-et-Garonne), I, 415; — avec pruniers, Lot-et-Garonne, I, 421; — (chasselas) avec fil de fer, Lot-et-Garonne, I, 423.

Conduite de la vigne en rége en haut Médoc, Gironde, I, 438-439; — à la bourer, dans les Graves (Gironde), I, 440; — à la main, Gironde, I, 443; — à Sauterne (Gironde), I, 443; — de côtes, Gironde, I, 444; — des palus, Gironde, I, 447; — bilatérales, de Ludon (Gironde), I, 449; — bilatérale et unilatérale, Gironde, I, 450; — des palus de la Teste (Gironde), I, 452; — à cordons Cazenave et Marcon (Gironde), 472-473-475-477-478-482; — dans les palus de Coudot (Gironde); I, 485; — corrigée, I, 485; — sur les coteaux de Fronsac (Gironde), I, 488; — à Saint-Émilion (Gironde), I, 490-491-492-494-495; — pleine dans la Dordogne, I, 514, 515; — en jouelles, Dordogne, I, 516-517-518; — en jouelles et sur arbres, Dordogne, I, 521-522; — à taille courte, I, 542; — à taille longue, I, 542; — transformée en cordons, I, 552-553-554; — en treilles, Isère, I, 555; — à taille excessivement restreinte, à Sorges (Dordogne), I, 559; — avec versadi, I, 561; — avec branche à fruit inclinée soutenue par un petit tuteur, à Ars (Dordogne), I, 564; — en cordons, à Saint-Aulaye (Dordogne), I, 568; — en jouelles, bordures et treilles, Lot, II, 36; — à Martel (Lot), II, 40; — à Florac et Marvejols (Lozère), II, 70; — sur palissades, près Aubenas (Ardèche), II, 82; — en jouelles dans la plaine, à Privas et l'Argentière (Ardèche), II, 83; — à Tournon (Ardèche), II, 96; — au Puy (Haute-Loire), II, 102; — à Brioude (Haute-Loire), II, 104, 106-107; — à Argentat (Corrèze), II, 123-124.

Conduite de la vigne en treille, à Bellac (Haute-Vienne), II, 152; — lors de la plantation, Puy-de-Dôme, II, 169; — lorsqu'elle est plus forte, Puy-de-Dôme, II, 170; — en coute et vinouse, Puy-de-Dôme, II, 170-172, — en coutet et à arquet, Puy-de-Dôme, II, 170-172; — en vinouse en coteau, Puy-de-Dôme, II, 171; — en vinouse à un seul échalas, Puy-de-Dôme, II, 173; — à taille type, II, 173; — à Remollon (Hautes-Alpes), II, 219; — à la ferme-école de Berthaud, à la taille du pays et à la taille type, résultats, Hautes-Alpes, II, 223; — en jouelles, à Crest (Drôme), II, 240; — basse, à Grenoble (Isère), II, 251; — basse avec arçons, à Grenoble (Isère), II, 252; — en lisse basse, à Grenoble (Isère), II, 254-255; — en lisse basse pendant cinq années, conduite parfaite, II, 259-260; — en treille haute de 10 mètres d'envergure, plus que centenaire, Isère, II, 263; — à une seule tête, à Saint-Marcellin (Isère), II, 266; — à lisses basses, à Tullins (Isère), II, 267; — en foule, à Vienne (Isère), II, 269; — en haie, à la Côte-Saint-André (Isère), II, 272; — en faisceaux de trois, à Vienne (Isère), II, 273; — sur perches, à Conflans (Savoie), II, 284; — en treilles et sur arbres morts, à Conflans (Savoie), II, 284; — en treilles et sur arbres vivants, à Conflans (Savoie), II, 284; — sur arbres vivants en quinconce, à Conflans (Savoie), II, 286; — sur arbres vivants avec guirlandes, à Conflans (Savoie), II, 286; — en treille en sortie, à Conflans (Savoie), II, 287; — commune en Savoie, à Conflans (Savoie), II, 296.

Conduite de la vigne type Fleury-Lacoste, à Conflans (Savoie), II, 297; — en crosse, à Évian (Haute-Savoie), II, 301; — pendant les cinq premières années, taille et pousse, II, 308-309-311-312; — sur crosse, à Évian (Haute-Savoie), II, 313-315-317; — basse, à Évian (Haute-Savoie), II, 320; — méthode Cazenave, II, 325; — méthode modifiée à la manière d'Évian, II, 325-328; — en haie d'érable, II, 331; — en hautains, à Belley (Ain), II, 345; — en treillons, à Belley (Ain), II, 346; — en perches du Revermont, Ain, II, 358; — mescle, Ain, II, 363; — à deux courgées, Jura, II, 376; — en chevalets, à Besançon (Doubs), II, 397; — en perches, à Besançon (Doubs), II, 398; — à échalas isolés, à Besançon (Doubs), II, 398; — en chevalet à la taille et à la vendange, Doubs, II, 399; — en perches à la taille et à la vendange, à Besançon (Doubs), II, 400; — à échalas isolés, à Besançon (Doubs), II, 401; — gros cépages en gobelet, à Gy (Haute-Saône), II, 421; — fins cépages à replet, à Gy (Haute-Saône), II, 421; — à lignes basses, à perches et à carassons, pour les fins plants, à Vesoul (Haute-Saône), II, 425; — pour les gamays, à Vesoul (Haute-Saône), II, 426; — en souche aplatie (cosse), Charente-Inférieure, II, 474; — en palissages dans le Blayais (Charente-Inférieure), II, 483; — dans le nord des Deux-Sèvres, II, 528-529-530; — à Poitiers (Vienne), II, 546-547-548; — corrigée, à Poitiers (Vienne), II, 549-550; — en palissade à lisses doubles, à Châtellerault (Vienne), II, 553.

Conduite de la vigne à un, deux et trois bras, à Argenton (Indre), II, 569; — (projet de) dans l'Indre, II, 574-575; — à Saint-Brévin (Loire-Inférieure), dans les sables, II, 592; — à deux couronnes croisées, à Mouzillon (Loire-Inférieure), II, 598; — à double branche à fruit, à Bouguenais (Loire-Inférieure), II, 601; — en treilles, à Saumur (Maine-et-Loire), II, 632; — ancienne sur la rive gauche de la Loire, Maine-et-Loire, II, 633-634; — en treille, à Bourgueil (Indre-et-Loire), II, 652-653; — en treille, à Tours et Chinon (Indre-et-Loire), II, 661; — de vignes blanches en foule, à Vouvray (Indre-et-Loire), II, 662; — cot rouge sur trois fils de fer tendus, à Saint-Règle (Indre-et-Loire), II, 667; — palissée sur trois fils de fer, à Nitray (Indre-et-Loire), II, 668; — méthode type, à Saint-Avertin (Indre-et-Loire), II, 669; — méthode type, à Saint-Avertin (Indre-et-Loire), II, 670; — méthode type, à Saint-Cyr-sur-Loire (Indre-et-Loire), II, 672; — médocaine transformée en vigne type, II, 676; — d'auvernat noir, meunier et cot en billons à deux rangs, à Menars et Mer (Loir-et-Cher), II, 695; — de meunier à trois bras avec une verge pliée en cercle, à Romorantin (Loir-et-Cher), II, 696; — des côtes du Rhône, de Sainte-Colombe à Condrieu, sur trois ceps échalassés et réunis, Rhône, III, 7; — aux première, troisième et cinquième tailles, Saône-et-Loire, III, 33; — mâconnaise, Saône-et-Loire, III, 35 à 39; — à la Loyère, Saône-et-Loire, III, 40; — avec queue piquée en terre, à Pouilly (Saône-et-Loire), III, 45.

Conduite de la vigne avec deux queues sur échalas, à Pouilly (Saône-et-Loire), III, 46; — en hautains, au château de Perrières (Saône-et-Loire), III, 49; — de gamay à trois et quatre bras avec échalas, à Semur (Côte-d'Or), III, 88; — en perches, à Semur (Côte-d'Or), III, 89; — de gamay à Bar-sur-Aube (Aube), III, 97; — de pineaux noirs, blancs, gris, etc. à Bar-sur-Aube, avec couronne terminale, III, 97; — avec pineaux noirs, blancs, gris, etc. la couronne étant fournie par le courson de retour, III, 98; — de trois à cinq bras en gobelet, aux Riceys (Aube), III, 102; — en gobelet à souche souterraine aux Riceys (Aube), III, 103; — en cuveau de la Moselle, III, 105; — suivant le système Hooïbrenk comparé au système traditionnel, aux Riceys (Aube), 110-111; — en treille sur lisse, à Troyes (Aube), III, 114; — en treille sur fil de fer, chez M. Baltet, à Troyes (Aube), III, 115; — à fins cépages ayant chacun trois, quatre ou cinq bras traînant à terre, portant chacun un courson à deux, trois ou quatre yeux, Yonne, III, 128-129; — de la première à la sixième année, à Chablis (Yonne), III, 140-141; — de trois à cinq ans et au delà, à Joigny (Yonne), III, 144; — en berceau, à Saint-Pourçain et Chantelle (Allier), III, 161-162; — sur billons à deux rangs, à la Charité, à Pougues, Marzy, Saint-Baudière (Nièvre), III, 171-172; — sur billons à un rang à deux courgées, à Riousse (Nièvre), III, 175; — à un, trois, quatre et cinq bras, à Pouilly (Nièvre), III, 177-178.

Conduite de la vigne à un, deux, trois et quatre bras, à Beaugency (Loiret), III, 224-225; — sur la rive gauche de la Loire avec verge en cercle, à Jargeau (Loiret), III, 226; — en quenouille avec un, deux et trois ceps pour un échalas, ses phases successives, Haut-Rhin, III, 257-258; — allongée par la conservation du sarment le plus avancé considéré comme le plus fertile, Haut-Rhin, III, 260; — en traverses, Haut-Rhin, III, 265; — sur un cep surélevé, comparée à la même sur cep plus bas, Haut-Rhin, III, 271; — sur un cep surélevé mais en quenouille, à Saint-Hippolyte (Haut-Rhin), III, 272; — en *kammerbau*, chambre à vigne, Bas-Rhin, III, 274-275-277-278; — à deux bras plus ou moins allongés suivant les cépages avec ou sans couronne, en sec, Vosges, III, 288; — ci-dessus, en vert, Vosges, III, 289; — en quenouille à un seul cep, sec et vert, à Thiaucourt (Meurthe), III, 310; — à un seul mérin, ses inconvénients, Meurthe, III, 315; — en treille à deux rangs sur un seul palis en fils de fer à deux rangs, Toul (Meurthe), III, 322; — en cuveau à huit bras et huit échalas en grosse race, à Metz (Moselle), III, 332; — en cuveau à huit bras et huit échalas en fine race avec couronnes, à Metz (Moselle), III, 333; — palissée sur deux fils de fer par M. Collignon, à Ancy (Moselle), III, 336; — méthode type, à Fèves (Moselle), III, 337; — grosse race, liverdun vert, plant à un et à deux mérins, à Liverdun (Meuse), 343; — fine race à deux mérins avec couronne, Meuse, III, 343; — fine race à un mérin avec couronne, Meuse, III, 344.

Conduite de la vigne dans les Ardennes (quatre périodes), III, 376-378; — avec ploie, à Rethel (Ardennes), III, 381-382; — dans la Marne (quatre périodes), III, 393-395; — haute, avec ploie, à Saint-Thierry, Villers-Franqueux et Merfy (Marne), III, 409; — pendant les cinq premières années, à Château-Thierry (Aisne), III, 435; — à Héricy-sur-Seine (Seine-et-Marne), III, 467; — sur ados, à Provins (Seine-et-Marne), III, 469; — sur ados, avec marcottes à enraciner, à Provins (Seine-et-Marne), III, 469; — en tête de saule sur ados, à Beaumont (Seine-et-Marne), III, 473; — vignobles chartrains, Eure-et-Loir, III, 524, 525; — à deux bras au plus, portant un courson à un ou deux yeux, au Mans (Sarthe), III, 548; — blanche, basse à une seule tête, à Saint-Calais, III, 548-549; — rouge de deux à huit têtes ayant chacune un courson, à Saint-Calais (Sarthe), III, 549; — blanche à plusieurs têtes et verge même; rouge restreinte, à la Flèche (Sarthe), III, 550; — sur palissade ou goualet, à Redon (Ille-et-Vilaine), III, 570.

Couchage des arbrisseaux, Alpes-Maritimes, I, 26; — de la vigne dans l'Aunis, I, 27.

Crosse pour soutenir la vigne, à Évian (Haute-Savoie), II, 318; — réparée, à Évian (Haute-Savoie), II, 324.

Crossette (bouture avec vieux bois), Vienne, II, 544; — à la troisième année, Vienne, II, 545.

Cuve cerclée en madriers chantournés et boulonnés, à la Villedieu (Tarn-et-Garonne), I, 407; — à bouge, conique, Puy-de-Dôme, II, 189.

Cuveau en sapin, Haut-Rhin, III, 266.

E

Entonnoir pour prendre et détruire l'eumolpe, Gard, I, 226; — à Tonnerre et Chablis (Yonne), III, 151.

Équerre à trois pointes pour planter en quinconce, à la Chapelle-de-Guinchay (Saône-et-Loire), III, 32.

F

Façons données à la vigne, Haute-Garonne, I, 315-316-317.
Feuilles de mescle fertile, Ain, II, 362.

Feuilles de mescle stérile, Ain, II, 362.
Fiche à crochet, Marne, III, 396.
Foudre avec sa guillette, Jura, II, 390

G

Greffe en sauterelle, Nièvre, III, 180-181.

H

Hotte pour transporter les fumiers et la terre, dite *baïsse*, Ardèche, II, 89; — pour transporter la vendange, Haute-Savoie, II, 322.

Hotte pour transporter la vendange, Haut-Rhin, III, 266; — pour transporter la vendange, en osier très-serré, III, 348.

I

Incision annulaire pour la viticulture à verge, III, 118; — sur les longs coursons, III, 119.
Instruments de culture dans le Var, I, 92; — à Ajaccio (Corse), I, 146; — dans le Gard, I, 222; — araire romain, dans l'Hérault, I, 244; — houe bidentée, dans l'Aude, I, 263; — pioche, dans les Pyrénées-Orientales, I, 275; — mare du Médoc, dans la Gironde, I, 435-436; — fessou, dans le Quercy, II, 36; — pioche, dans la Haute-Loire, II, 108; — louchets et fessou, dans le Puy-de-Dôme, II, 161; — de vendange dans le Puy-de-Dôme, II, 188.

Instruments de transport à bras (civière), Hautes-Alpes, II, 221; — la piccole et l'exterpe, Drôme, II, 242; — houe bident, Haute-Savoie, II, 321; — bicorne ou bigot, Jura, II, 387; — maille là où il y a des pierres, Haute-Saône, II, 419; — fessou là où il n'y en a pas, Haute-Saône, II, 419; — à dents, Haute-Saône, II, 422; — en Aunis, Charente-Inférieure, II, 487; — de l'Indre (pioche), II, 569; — 1° après la taille, *pioche à dents;* 2° à la fin de mai et en juillet, *fessou* à dents ou *fessou* plein; 3° à la véraison ratissoire, Côte-d'Or, III, 81.

Instruments de culture : pioche de 3 kilogrammes, à Auxerre (Yonne), III, 133 ; — houe et bigot à deux dents, Haut-Rhin, III, 263. .

Instruments de culture : houe de la Marne, III, 395 ; — fiche à crochet, Marne, III, 396..

L

Loupes ou goitres provenant d'une taille trop restreinte, à Barbezieux (Charente), II, 451.

Loupes ou goitres provenant d'une taille trop restreinte, à Niort et Melle (Deux-Sèvres), II, 523.

P

Palmier, à Nice (Alpes-Maritimes), chez le baron de Zuylen, I, 43.

Pincement, ses effets sur la fructification, II, 182 ; — des grappes, ses effets, Jura, II, 386 ; — ses effets sur la fructification, III, 73.

Plantation en boutures, en Corse, I, 120 ; — en boutures, à Corte, I, 137 ; — en boutures (modèle), I, 159 ; — en boutures à pied de bœuf, Bouches-du-Rhône, I, 190 ; — en pourrettes, chez M. Portal de Moux, à Carcassonne (Aude), I, 265 ; — en terrasses, Pyrénées-Orientales, I, 274 ; — en plaine, Pyrénées-Orientales, I, 276 ; — en gradins, à Pamiers (Ariége), I, 309, — sur billons, à Villedieu (Tarn-et-Garonne), I, 388 ; — en boutures, à la Grange (Gironde), I, 436 ; — en terrasses, Ardèche, II, 78 ; — en bouture, à Limoges et Rochechouart (Haute-Vienne), II, 148 ; — en boutures à la pioche, Puy-de-Dôme, II, 162 ; — en bouture à la cheville, Puy-de-Dôme, II, 163 ; — en bouture ou plants enracinés en fossés, Jura, II, 372 ; — en provignage, Jura, II, 372 ; — en boutures à la barre ou au pic, Charente-Inférieure, II, 470.

Plantation en plants enracinés, Charente-Inférieure, II, 471 ; — à bouture à la pioche, Vendée, II, 506 ; — à la barre (instrument), Deux-Sèvres, II, 519 ; — au fossé, Indre-et-Loire, II, 649 ; — en plants ou bouture coudés, Côte-d'Or, III, 79 ; — en bouture droite, III, 79 ; — à la pioche en bouture, à Tonnerre (Yonne), III, 148 ; — par provignage, Gien, III, 212 ; — en rayon par bouture ou plant enraciné coudé, en Gâtinais (Loiret), III, 217 ; — de deux et trois ceps dans le même trou pour un seul échalas, Haut-Rhin, III, 255 ; — d'un seul cep conduit à trois bras, Haut-Rhin, III, 255 ; — dans un fossé principal avec fossés latéraux perpendiculaires donnant quatre provins à chaque cep, Bas-Rhin, III, 273 ; — en fosse, la tige devant sortir au point diamétralement opposé à l'extrémité de sa racine, Meuse, III, 352 ; — en fosse, la même à la deuxième année, l'extrémité supérieure étant recouchée en terre, Meuse, III, 353 ; — dans un fossé avec une, deux ou quatre boutures, Haute-Marne, III, 365 ; — avec deux ou quatre boutures, Haute-Marne, III, 365.

Plantation dans un fossé, mais les parties traînantes au fond s'entre-croisant ou s'entrelaçant, Haute-Marne, III, 366.

Plants enracinés : leur production économique, procédé du docteur Escot, Vosges, III, 299-300.

Préservation des gelées de printemps au moyen de la taille longue, Vosges, III, 301.

Pressoir de M. Dezaunay, à Nantes (Loire-Inférieure), II, 604; — dit à crinoline, à la Loyère (Saône-et-Loire), III, 55.

Provignage de la vigne, à Cervione (Corse), I, 131; — à Ajaccio (Corse), I, 145; — à Tournon (Ardèche), II, 93-94; — de remplacement, Puy-de-Dôme, II, 164; — de remplacement en versadi, II, 165; — de remplacement irrégulier (inconvénients), Hautes-Alpes, II, 219.

Provignage de remplacement, à Tain (Drôme), II, 232; — de remplacement, à Monnières (Loire-inférieure), II, 599; — à l'air libre, à Nozieux (Loir-et-Cher), II, 693; — à l'air libre, à Nozieux (Loir-et-Cher), II, 694; — souterrain dans le Chalonnais (Saône-et-Loire), III, 41; — (indéfini), représentation imaginaire de son résultat comparé à celui d'un cep en gobelet ou en palmette, III, 67-68; — en remplacement, à Segoule (Nièvre), III, 171; — pour plantation, à Gien (Loiret), III, 212; — souterrain pour remplacement ou plantation simple, double ou triple, Marne, III, 395-396; — système de lacis de racines auquel il donne lieu, Marne, III, 398; — simple, Marne, III, 399; — simple avec un œil enterré pour remplacement en cas de gelée, Marne, III, 399.

R

Râteau pour égrapper le raisin, Doubs, II, 406.

Ravalements de la vigne, Jura, II, 381.

Rognage trop tardif (Meurthe), III, 308.

Ruellage après la vendange, déruellage après la taille, binage à la fin de mai et débinage à la fin d'août, Auxerre (Yonne), III, 74.

S

Seille pour récolter la vendange, Charente, II, 459; — pour récolter la vendange, Haut-Rhin, III, 265; — en bois ou en osier pour récolter la vendange, Marne, III, 402.

Semis des nœuds de sarment système Hudelet, banlieue de Besançon (Jura), II, 402-403.

Serpe employée pour la taille dans la Haute-Garonne, I, 322; — employée pour la taille dans l'Indre, II, 569.

Soufflet à lancer le soufre, I, 49.

Système complet de viticulture du docteur J. Guyot, en texte et en gravures, Marne, III, de la page 415 à la page 425.

T

Taille courte des mûriers nains comparée dans ses effets à la taille de la vigne, I, 228-229-230-231 ; — successive d'une bouture d'année en année, I, 166-167 ; — raisonnée, préceptes, Tarn, II, 8-9-10 ; — raisonnée, préceptes, Tarn, II, 20 ; — moyenne, de Marcillac (Aveyron), II, 44 ; — courte, de Villefranche (Aveyron), II, 44 ; — courte du menu (pineau), Aveyron, II, 45 ; — courte à flèche, Aveyron, II, 46 ; — généreuse, à Marcillac (Aveyron), II, 64 ; — à donner au boutezat (pulsart), II, 149 ; — type, comparée à la taille du Puy-de-Dôme, II, 174-177-178-179 ; — de la syra à Beauséjour, comparée à celle de l'Hermitage (Drôme), II, 238 ; — suisse en tête de saule, II, 334 ; — perfectionnée du Jura, étude, II, 383 ; — de Champlitte (Haute-Saône), II, 419 ; — des gamays, à Champlitte (Haute-Saône), II, 420 ; — des meuniers, à Champlitte (Haute-Saône), II, 420 ; — de la folle blanche, à Cognac (Charente), II, 449 ; — à jambes de prou, à Cognac (Charente), II, 450 ; — généreuse, à Saint-Fort (Charente), II, 450 ; — restreinte, à Angoulême (Charente), II, 452 ; — généreuse à Fléac (Charente), II, 453 ; — à un long bois ou arçon, à la Rochelle (Charente-Infér.), II, 477 ; — à deux ou trois arçons, à la Rochelle (Charente-Infér.), II, 477 ; — successives en gobelet, Vendée, II, 507 ; — successives en gobelet avec gaule, Vendée, II, 508 ; — en tête d'osier de la folle blanche avec gaule, Vendée, II, 508-509.

Taille trop restreinte faisant mourir les ceps, Vendée, II, 515 ; — successive d'année en année, Deux-Sèvres, II, 522 ; — du Loudunais (Vienne), II, 553-554 ; — en tête d'osier avec verge, à Châteauroux et Issoudun (Indre), II, 566-567 ; — du gros plant et du muscadet, au Loroux-Bottereau (Loire-Inférieure), II, 597 ; — à verge, sa règle, II, 652-653 ; — des vignes fines de Vouvray (Indre-et-Loire), II, 655 ; — du grollot, à Cinq-Mars (Indre-et-Loire), II, 656 ; — du pineau en Lorraine, III, 43 ; — trop restreinte, à Mercurey et Givry (Saône-et-Loire), III, 43 ; — d'un cep de provin dit *jeunesse*, Côte-d'Or, III, 66 ; — d'un cep de six ans à sept ans, III, 66 ; — d'un cep de quatorze à quinze ans, III, 66 ; — en pistolet, à Vierzon (Cher), III, 193 ; — en tête d'osier, en Gâtinais (Loiret), III, 213-214 ; — en tête d'osier avec billons, en Gâtinais (Loiret), III, 214-215 ; — en tête de saule transformée successivement par demi-verges et verges qu'on y laisse, à Beaugency (Loiret), III, 224-225 ; — à coursons sur un cep très-élevé comparée à la même taille sur souche plus basse, Bas-Rhin, III, 271 ; — sur un cep très-élevé, mais à quenouille, à Saint-Hippolyte, III, 272 ; — Trouillet (à la Titus), en sec et en vert, comparée aux tailles de l'Hérault, de l'Aude et du Lot, III, 293 ; — Trouillet (à la Titus), modifiée par la suppression de la taille en vert des contre-bourgeons, Vosges, III, 296.

Taille à longue ploie à douze ou quatorze yeux comme garantie certaine contre les gelées printanières, Meuse, III, 354; — successives de un an à quatre ans, Haute-Marne, III, 367-368; — successives tenues très-près de terre, III, 368; — avec longue verge pour les fins cépages, à Varennes-Pressigny (Haute-Marne), III, 369; — à très-longue verge avec ou sans retour, les premiers yeux étant éborgnés, Haute-Marne, III, 370; — variée avec gaule de un mètre, courson de trente centimètres et crochet de douze à quinze centimètres, à Provins (Seine-et-Marne), III, 471; — avec trois à six bras, à Lorrez (Seine-et-Marne), III, 473; — avec trois et quatre bras, dont une à quatre ans et une à cinq ans accompagnée d'une couronne, Meaux (Seine-et-Marne), III, 476.

Taille générale à trois, quatre, cinq et six ans, Eure-et-Loir, III, 519; — avec archet, pays chartrains, Eure-et-Loir, III, 519; — avec archet et converti (branche à fruit), Eure-et-Loir, III, 521; — réduite à trois coups de serpette, Eure-et-Loir, III, 532-533; — à deux coursons haut et bas, Eure, III, 541; — à un courson et une courgée, Eure, III, 541.

Taravelle (plantoir), à Montbrison (Loire), III, 23.

Treille de la Teste (Gironde), I, 453; — de l'Ardèche, II, 80; — méthodes Cazenave et Marcon, II, 329; — méthode de l'Isère, de quinze à vingt ans, II, 329; — méthode de l'Isère, à cent cinquante ans, II, 329.

Tube de compression pour tenir les vins en pression, III, 109.

V

Végétation exubérante de l'Hérault, 1, 246; — vigoureuse, à Libourne (Gironde), 1, 499.

Verge en sec d'une vigne en chaintre, à Chissay (Loir-et-Cher), II, 710; — en vert chargée de fruits, à Chissay (Loir-et-Cher), II, 711.

Versadi, I, 167; — ses pousses de première et deuxième année, à Périgny (Charente-Inférieure), II, 485.

Voiture à vendange armée d'une grue de M. Ranz, à Montrichard (Loir-et-cher), II, 721.

Vue des vignes de Banyols, Port-Vendres et Collioures (Pyrénées-Orientales), I, 273; — des vignes de Capbreton (Landes), I, 359; — des vignes du Quercy, II, 26; — des vignes, près l'Argentière (Ardèche), II, 81.

Vue des vignes de la vallée de Saint-Jean-de-Maurienne (Savoie), II, 283; — d'une vigne de Saint-Julien, méthode suisse, Haute-Savoie, II, 335; — des vignes d'Ambérieux (Ain), II, 351; — des vignes de Besançon (Jura), indiquant l'exubérance des vignes de trousseau et de pulsart, II, 401; — de trois vignes à bœufs, à Cognac (Charente), II, 456-457; — des premier et deuxième billonnage, en Aunis (Charente-Inférieure), II, 488-489; — des vignes en fosse pour garantir des vents de mer, Vendée, II, 510; — des vignes en tête de saule sans gaule et avec gaule, Vendée, II, 511; — des vignes avec bras et avec ou sans gaule, II, 511; — des vignes avec bras et avec gaule sortie du vieux bois, Vendée, II, 511.

Vue d'une vigne en billons transversaux dans les terres argileuses, Vendée, II, 512 ; — d'une vigne en billons, Deux-Sèvres, II, 524 ; — d'une vigne d'Issoudun (Indre), II, 567 ; — d'une vigne de la Châtre (Indre), II, 568 ; — d'une vigne, à Saint-Brévin (Loire-Inférieure), II, 592 ; — d'une vigne de meuniers, à Romorantin (Loir-et-Cher), II, 696 ; — d'ensemble de vignes en chaintre de quinze ans en sec, à Chissay (Loir-et-Cher), II, 709 ; — d'ensemble des vignes des côtes du Rhône, III, 8 ; — des vignes en razes ou razons, Roanne (Loire), III, 25 ; — des vignes sous la conduite traditionnelle, chez M. le comte de La Loyère, à Savigny-lès-Beaune (Côte-d'Or), III, 69 ; — des mêmes vignes transformées en vignes types, Côte-d'Or, III, 69 ; — d'ensemble des mêmes vignes, Côte-d'Or, III, 70 ; — d'une vigne à la taille de mars, à Moulins (Allier), III, 155 ; — d'une vigne l'été, à Moulins (Allier), III, 156.

Vue d'ensemble d'une vigne en que-nouille, Haut-Rhin, III, 255 ; — d'une vigne en kammerbau, Bas-Rhin, III, 278 ; — d'une vigne en treille à un fil de fer, à Didisheim, et d'une treille type à trois fils de fer, à Bouxwiller (Bas-Rhin), III, 281 ; — d'ensemble des coteaux de Thiaucourt (Meurthe), III, 308 ; — d'ensemble d'une vigne avec palis en fil de fer servant à deux rangs de ceps, Toul (Meurthe), III, 321 ; — d'ensemble des vignes de la Haute-Marne, III, 361 ; — d'ensemble de la conduite de la vigne dans les Ardennes, III, 376-377-378 ; — d'ensemble de la conduite de la vigne dans la Marne, III, 393-394-395 ; — d'ensemble des vignes en vallées et montagnes factices, à Beauvais, Clermont (Oise), Dreux (Eure-et-Loir), III, 487 ; — d'ensemble des vignes en butte et vallée, pays chartrain (Eure-et-Loir), III, 526-527, 530 ; — d'ensemble d'une vigne, près du Mans (Sarthe), III, 551.

FIN DE LA TABLE ALPHABÉTIQUE DES FIGURES.

TABLE ALPHABÉTIQUE

DES NOMS DES LIEUX

CITÉS DANS L'ÉTUDE DES VIGNOBLES DE FRANCE.

A

Abondant (Eure-et-Loir), III, 531, 534.

Agen (Lot-et-Garonne), I, 422, 424, 428; III, 597.

Aï (Marne), III, 404, 410.

Aiguebelle (Savoie), II, 277, 283.

Aire (Gers), I, 367, 368.

Airvault (Deux-Sèvres), II, 517, 519, 527, 531.

Aïsse (Haute-Savoie), II, 332, 337.

Aiton-l'Hôpital (Savoie), II, 277, 283, 286.

Aix (Bouches-du-Rhône), I, 180, 184, 186, 191, 196, 198; III, 598.

Aix-les-Bains (Savoie), II, 278, 285.

Ajaccio (Corse), I, 108, 119, 142, 144, 146, 147, 148, 169, 171, 289; III, 597.

Alais (Gard), III, 598.

Albertville (Savoie), II, 277, 281, 288; III, 600.

Albi (Tarn), II, 2, 4, 5, 6, 7, 11, 12, 13, 14, 15, 16, 17, 18; III, 598.

Alissas (Ardèche), II, 87, 90.

Alleret (Haute-Loire), II, 100, 110, 111, 117.

Allermes (Maine-et-Loire), II, 632.

Aloxe (Côte-d'Or), III, 74.

Altkirch (Haut-Rhin), III, 247, 269.

Alzeto (Corse), I, 130, 132.

Amance (Haute-Saône), II, 415.

Ambérieux (Ain), II, 344, 349, 350, 351, 352, 353, 360.

Ambert (Puy-de-Dôme), III, 601.

Ambierle (Loire), III, 25.

Ambleuy (Aisne), III, 447.

Amboise (Indre-et-Loire), II, 658.

Ambonnay (Marne), III, 404.

Ampuis (Rhône), III, 6, 9, 10.

Anay (Yonne), III, 123.

Ancenis (Loire-Inférieure), II, 603; III, 598.

Ancy (Moselle), III, 323.

Andard (Maine-et-Loire), II, 609.

Anet (Eure-et-Loir), III, 531, 532, 534.

Angers (Maine-et-Loire), II, 607, 610, 615, 616, 617, 619, 622, 624, 635, 638, 640; III, 599.

Anglars (Lot), II, 34.

Angoulême (Charente), II, 441, 444, 447, 449, 452, 458, 459, 467.

Annecy (Haute-Savoie), II, 270, 299, 300, 334, 335, 336, 339, 340, 341; III, 601.

Annemasse (Haute-Savoie), II, 3oo, 333, 338.

Antibes (Alpes-Maritimes), I, 25, 36, 38, 39.

Apremont (Ardennes), III, 375.

Apremont (Meuse), III, 348, 349, 35o.

Apt (Vaucluse), I, 2o4, 2o6, 2o7; III, 5g8.

Aramon (Gard), I, 215.

Arbins (Savoie), II, 29o, 293.

Arbois (Jura), II, 377, 384, 387, 389, 39o, 4o7.

Arc (Haute-Saône), II, 423.

Arcis-sur-Aube (Aube), III, 93, 599.

Ardennais (Cher), III, 198.

Argancy (Moselle), III, 323, 331, 334.

Argelès (Hautes-Pyrénées), III, 6oo.

Argentat (Corrèze), II, 38, 119, 12o, 121, 122, 125, 126, 127, 129, 13o, 199.

Argenteuil (Seine-et-Oise), I, 318; II, 182, 235; III, 99, 498, 5o6, 5o8, 5o9, 51o.

Argenton (Deux-Sèvres), II, 517, 519, 527, 53o, 531, 533.

Argenton (Indre), II, 562, 563, 564, 565, 567, 569, 571, 572, 576, 577, 581, 585.

Arles (Bouches-du-Rhône), I, 179, 181, 184, 19o, 192; III, 597.

Arnas (Rhône), III, 17.

Arnaville (Meurthe), III, 314.

Ars (Charente-Inférieure), II, 497, 498.

Ars (Dordogne), I, 563.

Arsonval (Aube), III, 95.

Artemare (Ain), II, 347, 348.

Asfeld (Ardennes), III, 38o, 381, 382.

Asnières (Cher), III, 199.

Athis-Mons (Seine-et-Oise), III, 498, 5oo.

Aubagne (Bouches-du-Rhône), I, 186, 192, 193, 195, 196, 198.

Aubenas (Ardèche), II, 79, 8o, 82, 84, 88, 9o, 97.

Aubière (Puy-de-Dôme), II, 159, 172, 191, 192, 193.

Aubin (Aveyron), II, 43, 61.

Auch (Gers), I, 367, 368, 369, 37o, 374, III, 598.

Auneuil (Oise), III, 481.

Aups (Var), I, 66.

Aurillac (Cantal), II, 116, 117; III, 6o1.

Autun (Saône-et-Loire), III, 29, 6o1.

Auxerre (Yonne), I, 523; III, 95, 122, 123, 125, 128, 129, 131, 132, 137, 147, 152, 235, 599.

Avallon (Yonne), III, 95, 122, 123, 6oo.

Avignon (Vaucluse), I; 181, 2o3, 2o4, 2o5, 2o6, 214; II, 227; III, 597.

Avize (Marne), III, 397, 4o4, 428, 43o.

Avolsheim (Bas-Rhin), III, 271, 273.

B

Bagnols (Gard), I, 215, 224, 226.

Baignes (Charente), II, 452.

Bains (Ille-et-Vilaine), III, 569.

Ballay (Ardennes), III, 379.

Banyuls-des-Aspres (Pyrénées-Orientales), I, 272, 275, 278, 28o, 283, 29o, 32o; III, 597.

Barbézieux (Charente), II, 441, 444, 449, 45o, 452, 458, 459.

Barbonne (Marne), III, 388.

Barjac (Ardèche), II, 97.

Bar-le-Duc (Meuse), III, 345, 348, 349, 35o, 351, 462, 6oo.

Barr (Bas-Rhin), III, 273.

Barsac (Gironde), I, 456.

Bar-sur-Aube (Aube), III, 93, 94, 95, 96, 99, 103, 235, 600.

Bar-sur-Seine (Aube), III, 93, 100, 101, 103, 105, 106, 112, 600.

Bastia (Corse), I, 108, 119, 121, 125, 128, 130, 134, 136, 141, 159, 169, 288; III, 597.

Baugé (Maine-et-Loire), II, 610.

Baule (Loiret), III, 231.

Baume (Ardèche), II, 91, 97.

Baume (Jura), II, 391.

Baume-les-Dames (Doubs), II, 394, 412, 413; III, 601.

Bayon (Meurthe), III, 363, 315, 316, 322.

Bayonne (Basses-Pyrénées), III, 597.

Bayonville (Meurthe), III, 314.

Bazas (Gironde), III, 598.

Bazouges (Sarthe), III, 547.

Beaucaire (Gard), I, 215, 220.

Beaufort (Jura), II, 378.

Beaugency (Loiret), III, 226.

Beaulieu (Corrèze), II, 37, 38, 39, 41, 120, 121, 125, 127, 128, 129, 130, 131, 199.

Beaulieu (Maine-et-Loire), II, 615.

Beaumont (Dordogne), I, 525.

Beaumont (Haute-Savoie), II, 342.

Beaumont (Puy-de-Dôme), II, 181, 191, 192.

Beaumont (Seine-et-Marne), III, 473, 474.

Beaumont (Vienne), II, 554.

Beaune (Côte-d'Or), I, 259; II, 615; III, 57, 58, 63, 69, 82, 84, 600.

Beaune-la-Rolande (Loiret), III, 218, 219.

Beaurepaire (Isère), II, 246.

Beauvais (Oise), III, 480, 485, 486, 488, 490, 600.

Beauvoir (Deux-Sèvres), II, 517, 519, 521, 522, 525, 526, 533.

Belfort (Haut-Rhin), III, 247.

Bellac (Haute-Vienne), II, 140, 141, 147, 152; III, 599.

Bellenaves (Allier), III, 153, 157, 165, 166.

Belleville (Meuse), III, 351.

Belley (Ain), II, 248, 344, 345, 346, 348, 434; III, 600.

Bergerac (Dordogne), I, 407, 511, 523, 524, 525, 531, 539, 541, 543, 544, 546, 551, 552, 558, 585; III, 598.

Berthaud (Hautes-Alpes), II, 222.

Besançon (Doubs), II, 393, 394, 397, 401, 402, 407, 408, 412; III, 600.

Bétaille (Lot), II, 38.

Beure (Doubs), II, 402, 403.

Béziers (Hérault), III, 597.

Bierné (Mayenne), III, 565.

Billy (Aisne), III, 437, 441.

Billy (Allier), III, 158, 166.

Biscaye (Dordogne), I, 575.

Bize (Haute-Marne), III, 355, 363, 366, 368, 369.

Blaye (Gironde), III, 598.

Bléré (Indre-et-Loire), II, 659.

Bletterans (Jura), II, 384.

Blois (Loir-et-Cher), II, 648, 687, 689, 691, 692, 698, 699, 701, 702, 703, 716, 721; III, 599.

Boën (Loire), III, 22.

Bois-Branlard (Loire-Inférieure), II, 590.

Bois-d'Oingt (Rhône), III, 22.

Boissise-la-Bertrand (Seine-et-Marne), III, 466, 469.

Bologne (Haute-Marne), III, 364.

Bonnefond (Tarn-et-Garonne), I, 401.

Bonneville (Haute-Savoie), II, 299, 300, 333, 337, 339, 340, 342; III, 601.

Bonnières (Seine-et-Oise), III, 499.

Bordeaux (Gironde), I, 91, 252, 361, 430, 441, 490; III, 598.

Borgo (Corse), I, 119, 127.

Bossancourt (Aube), III, 95.

Bouguenais (Loire-Inférieure), II, 601, 602.

Bouguereau (Yonne), III, 123.

Bouillé-Loret (Deux-Sèvres), II, 518.

Bouillé-Saint-Paul (Deux-Sèvres), II, 518.

Bouilly (Aube), III, 94, 111.

Bourbonne (Haute-Marne), III, 361, 363.

Bourdeilles (Dordogne), I, 523.

Bourg (Ain), II, 344, 355; III, 599.

Bourg (Charente), II, 453.

Bourges (Cher), II, 579; III, 183, 184, 199, 202, 599.

Bourgoin (Isère), II, 246, 247, 248, 249, 270, 271, 275.

Bourgueil (Indre-et-Loire), II, 614, 650, 654, 660, 664, 665, 726.

Boussac (Creuse), III, 600.

Bouxeuil (Loir-et-Cher), II, 688, 692.

Bouxwiller (Bas-Rhin), III, 273, 280.

Bouzy (Marne), III, 397, 404, 407.

Brains (Loire-Inférieure), II, 600, 632.

Bramafan (Rhône), II, 642.

Brantôme (Dordogne), I, 160, 511, 523, 525, 562.

Brassac (Dordogne), I, 524.

Bray-sur-Seine (Seine-et-Marne), III, 472.

Bressolles (Allier), III, 164.

Bressols (Tarn-et-Garonne), I, 393.

Bressuire (Deux-Sèvres), II, 517, 519, 527, 536; III, 599.

Brézé (Maine-et-Loire), II, 531.

Bricon (Haute-Marne), III, 364.

Brignoles (Var), I, 65, 66, 96; III, 598.

Briollay (Maine-et-Loire), II, 609.

Brion (Indre), II, 562, 567, 577, 579.

Brioude (Haute-Loire), II, 99 à 107, 109, 110, 111, 115, 199; III, 600.

Brissac (Maine-et-Loire), II, 609.

Brives (Corrèze), II, 119, 121, 129, 132, 134, r35, 137; III, 598.

Brossac (Charente), II, 442.

Brouilly (Saône-et-Loire), III, 30.

Bruniquel (Tarn-et-Garonne), I, 382.

Brunoy (Seine-et-Oise), III, 498.

Bu (Eure-et-Loir), III, 532, 534.

Buchignon (Vendée), II, 515.

Bueil (Eure), III, 538.

Buffevent (Puy-de-Dôme), II, 158, 185, 191.

Bussière-Boffy (Haute-Vienne), II, 154.

Bussy-la-Côte (Meuse), III, 348, 350.

Buxeuil (Aube), III, 93.

Buxy (Saône-et-Loire), III, 29, 40, 46.

Buzet (Lot-et-Garonne), I, 419, 420, 422.

Byans (Doubs), II, 394.

C

Cabanac (Hautes-Pyrénées), I, 344, 580, 584.

Cagnes (Alpes-Maritimes), I, 35, 36, 39.

Cahors (Lot), II, 23, 40; III, 598.

Cahuzaguet (Tarn), II, 19.

Calvi (Corse), I, 101, 109, 119.

Calvisson (Gard), I, 218.

Cambon (Tarn), II, 19.

Campile (Corse), I, 119, 127.

Campréal (Dordogne), I, 523.

Cannes (Alpes-Maritimes), I, 25, 36.

Canon (Gironde), I, 487.

Cantemerle (Gironde), I, 432, 459, 460.

Canteperdrix (Gard), I, 215.

Capbreton (Landes), I, 357, 358, 361, 373, 437, 585, 588.

Carbonieux (Gironde), 1, 455, 456.

Carcassonne (Aude), I, 257, 263, 264; III, 597.

Carcès (Var), 1, 63, 80, 81, 87, 94, 96, 186.

Carpentras (Vaucluse), I, 204, 205, 206; III, 598.

Cassis (Bouches-du-Rhône), I, 192, 196, 291.

Castelfranc (Lot), II, 33, 35.

Castelmoron (Lot-et-Garonne), I, 420.

Castelnau-Rivière-Basse (Hautes-Pyrénées), I, 343.

Castelnaudary (Aude), I, 257; III, 598.

Castelsarrazin (Tarn-et-Garonne), I, 380, 381, 393, 408, 417, 418; III, 598.

Castelvieilh (Hautes-Pyrénées), I, 344.

Castillon (Gironde), I, 471, 488, 494, 497.

Castres (Tarn), II, 2, 4, 6, 7, 11, 12, 15, 16, 19, 20; III, 598.

Cavaillon (Vaucluse), I, 205.

Celles (Aube), III, 93.

Celles (Dordogne), I, 520, 522, 524, 566.

Céret (Pyrénées-Orientales), III, 598.

Cernay (Haut-Rhin), III, 248.

Cernon (Ain), II, 353, 355.

Cersay (Deux-Sèvres), II, 518.

Cervione (Corse), I, 108, 119, 127, 128, 130, 131, 132, 133, 136, 141, 155, 163, 170.

Ceyzériat (Ain), II, 358, 360, 361, 363, 364, 365.

Chablis (Yonne), I, 344; II, 354, 445, 656; III, 99, 122, 123, 124, 128, 129, 139, 140, 143, 150, 151, 235.

Chagny (Saône-et-Loire), III, 28, 29, 30, 40, 50, 51.

Chahaignes (Sarthe), III, 559.

Chailles (Loir-et-Cher), II, 688.

Chaingy (Loiret), III, 225.

Challans (Vendée), II, 507.

Challes (Savoie), II, 290.

Chalon-sur-Saône (Saône-et-Loire), II, 343; III, 28, 29, 599.

Châlons-sur-Marne (Marne), III, 386, 388, 389, 391, 410, 414, 415, 426, 427, 430, 600.

Chambéry (Savoie), II, 278, 280, 281, 285, 345; III, 599.

Chambly (Oise), III, 479.

Champbois (Haute-Saône), II, 418.

Champdieu (Loire), III, 24.

Champigny (Maine-et-Loire), II, 611, 614, 615, 641.

Champlitte (Haute-Saône), II, 416, 417, 418, 419, 420, 421.

Champvallon (Yonne), III, 145.

Chancelade (Dordogne), I, 523.

Chantelle (Allier), III, 153, 157, 160, 164, 166, 167.

Chanteloup (Seine-et-Oise), III, 498, 507.

Chantonnay (Vendée), II, 503.

Chapareillan (Isère), II, 246.

Chardonnay (Saône-et-Loire), III, 28, 40.

Chariez (Haute-Saône), II, 424, 425, 426, 427.

Channes (Vosges), III, 286, 287, 289, 295, 296, 297, 298.

Chartres (Eure-et-Loir), III, 515, 516, 517, 519, 522, 529 à 532, 600.

Chassé (Maine-et-Loire), II, 615.

Chasselas (Saône-et-Loire), III, 32.

Château-Chalon (Jura), II, 376, 377, 386, 391, 407, 408, 433.

Château-du-Loir (Sarthe), II, 614; III, 545, 546, 547, 551, 552, 554, 559, 562.

Châteaudun (Eure-et-Loir), III, 515, 516, 517, 519, 522, 523, 600.

CHÂTEAUGAY (Puy-de-Dôme), II, 158, 184.

CHÂTEAU-GONTIER (Mayenne), III, 565, 568, 599.

CHÂTEAU-IQUEM (Gironde), I, 407, 441, 458.

CHÂTEAU-LANDON (Seine-et-Marne), III, 473.

CHÂTEAUMEILLANT (Cher), III, 183, 196, 197, 198.

CHÂTEAUNEUF (Charente), II, 444.

CHÂTEAUNEUF (Loiret), III, 226. 227.

CHÂTEAUNEUF (Maine-et-Loire), II, 609.

CHÂTEAUNEUF-DU-PAPE (Vaucluse), I, 204, 206, 209, 291.

CHÂTEAU-PORCIEN (Ardennes), III, 380, 381, 382, 383.

CHÂTEAUROUX (Indre), II, 562, 564, 565, 566, 568, 570, 571, 572, 576, 577, 581; III, 599.

CHÂTEAU-SALINS (Meurthe), III, 311, 322, 326, 601.

CHÂTEAU-THIERRY (Aisne), III, 431, 433, 434, 435, 436, 439, 440, 445, 446, 600.

CHÂTEAU-VIEUX (Hautes-Alpes), II, 214.

CHÂTEAUVILLAIN (Haute-Marne), III, 364.

CHÂTELLERAULT (Vienne), II, 541, 544, 545, 550, 551, 553, 555, 556, 557, 559, 726; III, 598.

CHÂTEL-NOMEXY (Vosges), III, 286.

CHÂTENAY (Seine), III, 513.

CHÂTILLON (Doubs), II, 394.

CHÂTILLON (Loir-et-Cher), II, 687, 688, 690.

CHÂTILLON-SUR-SEINE (Côte-d'Or), III, 600.

CHAUMONT (Haute-Marne), III, 362, 371, 601.

CHAUMONT (Oise), III, 481.

CHAUMONT-SUR-THARONNE (Loir-et-Cher), II, 720.

CHAUTAGNE (Savoie), II, 278, 283, 289, 292, 345.

CHAUTURGUE (Puy-de-Dôme), II, 158.

CHAVAIGNES (Maine-et-Loire), II, 609.

CHENAS (Saône-et-Loire), III, 30.

CHERVAC (Dordogne), I, 524.

CHERVÉ (Loire), III, 24.

CHESTRES (Ardennes), III, 379.

CHEVERNY (Loir-et-Cher), II, 687, 688, 690, 692, 699, 701, 703, 717, 719.

CHEVINCOURT (Oise), III, 483.

CHEVRIÈRES (Oise), III, 479.

CHIAVARI (Corse), I, 152.

CHIGNY (Marne), III, 407.

CHINON (Indre-et-Loire), II, 650, 655, 658, 661, 664, 665, 681, 726; III, 599.

CHISSAY (Loir-et-Cher), II, 26, 687, 688, 690, 698, 703, 712, 713, 721.

CHITENAY (Loir-et-Cher), II, 688, 717.

CHOLET (Maine-et-Loire), II, 610.

CHOMÉRAC (Ardèche), II, 84, 87, 90, 97.

CHUSELAN (Gard), I, 215, 223, 291, 293.

CINQ-MARS (Indre-et-Loire), II, 656, 657, 658, 663, 664, 666.

CISSEY (Côte-d'Or), III, 82, 83.

CIVRAY (Vienne), II, 541, 544, 726; III, 598.

CLAIRAC (Lot-et-Garonne), I, 419.

CLAIROIX (Oise), III, 484.

CLAMECY (Nièvre), III, 599.

CLAYE (Seine-et-Marne), III, 477.

CLEREY (Aube), III, 94, 112.

CLERMONT (Oise), III, 482, 485, 486, 600.

CLERMONT-FERRAND (Puy-de-Dôme), II, 155, 156, 158, 159, 160, 162, 163, 167, 173, 176, 181; III, 600.

CLOYES (Eure-et-Loir), III, 517.

COGNAC (Charente), II, 439, 441, 444, 446, 449, 450, 452, 453, 454,

Soumensac (Lot-et-Garonne), I, 419.

Soustons (Landes), I, 357, 365, 588.

Soye (Cher), III, 199, 203.

Stains (Seine), III, 512, 513.

Strasbourg (Bas-Rhin), III, 600.

Suèvres (Loir-et-Cher), II, 717.

Surgères (Charente-Inférieure), II, 472, 488.

T

Tain (Drôme), II, 226, 229, 230, 231, 234, 236, 237, 239, 267.

Taissy (Marne), III, 407.

Tallano (Corse), I, 174.

Tallard (Hautes-Alpes), II, 214, 217, 219, 224.

Talloires (Haute-Savoie), II, 332, 335, 336, 337.

Tarare (Rhône), III, 21.

Tarascon (Bouches-du-Rhône), I, 181, 184, 192, 196, 198.

Tarbes (Hautes-Pyrénées), I, 330, 345, 584; III, 599.

Tavel (Gard), I, 215, 224, 291, 293.

Tempé (Tarn-et-Garonne), I, 409.

Terrasson (Dordogne), I, 526.

Thann (Haut-Rhin), III, 247, 248, 264, 281, 456.

Thézée (Loir-et-Cher), II, 690, 703, 715.

Thiaucourt (Meurthe), III, 304, 308, 309, 310, 311, 312, 314, 315.

Thiers (Puy-de-Dôme), II, 164; III, 600.

Thionville (Moselle), III, 323, 329, 596, 600.

Thiviers (Dordogne), I, 511, 526.

Thoissey (Ain), II, 343.

Thomery (Seine-et-Marne), I, 373, 505; II, 77, 259, 708; III, 369, 472, 474, 475.

Thonac (Dordogne), I, 523.

Thonon (Haute-Savoie), II, 299, 300, 330, 331, 332, 340, 341, 342; III, 600.

Thorigny (Indre-et-Loire), II, 675.

Thorins (Saône-et-Loire), I, 173; III, 28, 29, 30, 32, 33, 51, 52.

Thouars (Deux-Sèvres), II, 517, 519, 527, 528, 530, 531, 533, 536.

Tonnay-Charente (Charente-Inférieure), II, 476.

Tonnerre (Yonne), III, 95, 122, 123, 128, 129, 147, 148, 150, 151, 235, 600.

Touches (Saône-et-Loire), III, 29.

Toul (Meurthe), III, 304, 311, 316, 317, 318, 319, 321, 322, 600.

Toulon (Var), I, 63, 65, 66, 67, 79, 89, 91, 94, 216; II, 227; III, 597.

Toulouse (Haute-Garonne), I, 313, 314, 320, 322, 323, 327; III, 598.

Tournon (Ardèche), II, 73, 74, 76, 91, 92, 95, 97, 227, 228, 230, 234, 267; III, 598.

Tournus (Saône-et-Loire), III, 28, 52.

Tours (Indre-et-Loire), II, 650, 661, 664, 669, 681; III, 599.

Toutvent (Indre), II, 566.

Tramoyes (Ain), II, 366, 367.

Treffort (Ain), II, 355, 356, 357, 358, 360, 361, 363, 364, 365.

Trélissac (Dordogne), I, 511, 524, 525.

Treloup (Aisne), III, 434, 439.

Trévoux (Ain), II, 343; III, 600.

Troyes (Aube), III, 93, 94, 111, 112, 116, 117, 599.

Tulle (Corrèze), II, 119, 120; III, 599.

Tullins (Isère), II, 246, 249, 266, 267, 268, 273.

Turquant (Maine-et-Loire), II, 615.

U

Ussac (Corrèze), II, 135.
Ussel (Corrèze), II, 120.

Uzerche (Corrèze), II, 119.
Uzès (Gard), I, 226; III, 598.

V

Vaas (Sarthe), III, 553.
Vailly (Aisne), III, 433, 437, 440, 441.
Vaivre (Haute-Saône), II, 424, 427.
Valençay (Indre), II, 563.
Valence (Drôme), II, 226, 227, 239; III, 598.
Valensolle (Basses-Alpes), I, 53, 57.
Vallet (Loire-Inférieure, II, 598.
Valserres (Hautes-Alpes), II, 214, 216, 224.
Vandelainville (Meurthe), III, 314.
Vannes (Morbihan), III, 573, 598.
Varades (Loire-Inférieure), II, 603, 604.
Varennes (Allier), III, 153, 158.
Varennes (Maine-et-Loire), II, 632.
Varennes (Haute-Marne), III, 361, 363, 369.
Varennes (Meuse), III, 352, 353, 354.
Varilles (Ariége), I, 303, 304, 310, 584.
Varrains (Maine-et-Loire), II, 615, 641.
Varreins (Dordogne), I, 524.
Vaudieu (Vaucluse), I, 204, 210.
Vaumorillons (Yonne), III, 123, 150.
Vaux (Indre), II, 576.
Vaux (Vienne), II, 558.
Vaux-le-Penil (Seine-et-Marne), III, 467.
Vauxrenard (Rhône), III, 16.
Vayrac (Lot), II, 37, 38, 39, 41.
Veaudésir (Yonne), III, 123.
Veigné (Indre-et-Loire), II, 679.

Vendôme (Loir-et-Cher), II, 683, 685, 722, 723.
Ventavon (Hautes-Alpes), II, 214, 222.
Venzolasca (Corse), I, 129.
Verdun (Meuse), III, 351.
Verdun (Saône-et-Loire), III, 28, 29, 50, 51.
Verneuil (Haute-Vienne), II, 139, 141, 142.
Vernon (Euré), III, 538, 540, 542, 543, 544.
Vernou-sur-Brenne (Indre-et-Loire), II, 662, 671.
Verrières (Aube), III, 94, 112.
Versailles (Seine-et-Oise), III, 600.
Verseaux (Ardèche), II, 87.
Verteillac (Dordogne), I, 408, 511, 517, 524, 525, 565, 566.
Vertus (Marne), III, 386, 388, 390, 405, 407, 408.
Verzenay (Marne), III, 404, 407, 410.
Verzy (Marne), III, 404.
Vescovato (Corse), I, 101, 108, 119, 127, 128, 129, 130, 133, 134, 141, 163, 170.
Vesoul (Haute-Saône), II, 415, 424, 427, 428, 429; III, 600.
Veyrier (Haute-Savoie), II, 332, 335, 336.
Vianne (Lot-et-Garonne), I, 422.
Vic (Hautes-Pyrénées), I, 330.
Vic-sur-Aisne (Aisne), III, 440, 441.
Vicq-sur-Nahon (Indre), II, 563.
Vienne (Isère), II, 246, 248, 249, 268, 269, 273, 274, 275, 276; III, 598.

Vierzon (Cher), III, 183, 184, 191, 192.

Vieux-Boucau (Landes), I, 357.

Vignale (Corse), I, 128, 134.

Vignory (Haute-Marne), III, 361, 364.

Villandry (Indre-et-Loire), II, 676.

Villaudric (Haute-Garonne), I, 313, 314, 322, 588.

Villefranche (Aveyron), II, 43, 44, 45, 47, 48, 49, 50, 56, 61; III, 599.

Villefranche (Haute-Garonne), III, 598.

Villefranche (Loir-et-Cher), II, 690.

Villefranche (Rhône), III, 2, 10, 17, 599.

Villefranche (Tarn), I, 382.

Villemoyenne (Aube), III, 94, 112.

Villenave-d'Ornon (Gironde), I, 448, 480, 481.

Villeneuve (Alpes-Maritimes), I, 36, 39.

Villeneuve (Gard), I, 215, 220, 226.

Villeneuve (Lot), II, 43.

Villeneuve (Yonne), III, 144, 145.

Villeneuve-le-Roi (Seine-et-Oise), III, 500.

Villeneuve-Saint-Georges (Seine-et-Oise), III, 498, 500.

Villeneuve-sur-Lot (Lot-et-Garonne), I, 420, 421, 424; III, 598.

Villeret (Loire), III, 25.

Villers (Marne), III, 407, 408.

Villery (Aube), III, 94, 111.

Villetoureix (Dordogne), I, 524.

Vineuil (Loir-et-Cher), 716.

Vinzelles (Saône-et-Loire), III, 28, 34.

Virieu (Isère), II, 247, 248.

Virieux (Ain), II, 347, 348.

Vitry-le-François (Marne), III, 388, 391, 410, 411, 412, 413, 430, 600.

Vivier (Aveyron), II, 61, 97.

Voiron (Isère), II, 247.

Voiteur (Jura), II, 377, 389, 390, 391.

Volnay (Côte-d'Or), III, 85.

Volvic (Puy-de-Dôme), II, 184.

Vougeot (Côte-d'Or), I, 173; III, 60, 66, 74, 75, 77.

Voulx (Seine-et-Marne), III, 473.

Vouvray (Indre-et-Loire), II, 647, 651, 655, 656, 657, 661, 663, 664, 665, 666.

Vouvray (Sarthe), III, 547, 552.

Vouziers (Ardennes), III, 375, 376, 377, 379, 380, 382, 383, 384, 600.

Vouzon (Loir-et-Cher), II, 720.

W

Wissembourg (Bas-Rhin), III, 269, 271, 273, 274, 275, 277, 279, 457, 596, 600.

Wolxheim (Bas-Rhin), III, 273.

Y

Yssengeaux (Haute-Loire), II, 99, 100.

Yvoire (Haute-Savoie), II, 300, 330, 331.

TABLE ALPHABÉTIQUE

DES NOMS

DES PERSONNES CITÉES DANS CET OUVRAGE.

A

ABBADIE (D') DE BARRAU, bas Armagnac, (Gers), I, 375.

ABBATUCCI, Corse, I, 100.

ADAM, maire de Katzenthal (Haut-Rhin), III, 262.

AFFRE, à Espalion (Aveyron), II, 64.

AILLAUD, à Pagnac (Haute-Vienne), II, 139.

ALBERT, secrétaire du comice agricole de Saint-Julien (Haute-Savoie), II, 339.

ALLAIN-LABAUVE, à Vernon (Eure), III, 543.

ALLANDRY, propriétaire au Tard, commune de Villenave-d'Ornon, par Bordeaux (Gironde), I, 448, 481.

ALLIER, ferme-école à Berthaud, près Ventavon, par Gap (Hautes-Alpes), II, 222.

AMADIEU, à Maline, près Verteillac (Dordogne), I, 517.

AMADIEU, à Martel et à Vayrac (Lot), II, 37.

AMAT, à Vallard, par Gap (Hautes-Alpes), II, 221.

AMBLARS, vice-président de la Société d'agriculture d'Agen (Lot-et-Garonne), I, 425.

ANDRÉ (Ch.), à Esvres, par Montbazon (Indre-et-Loire), II, 659.

ANDRÉ, à Malijai, par les Mées (Basses-Alpes), I, 59.

ANGLÈS (D'), II, 295.

ANSEAUX, à Beaune-la-Rolande (Loiret), II, 213; III, 220.

APPERT, III, 663.

ARCES (D'), à Moizan (Isère), II, 265.

ARMAND (Alexis), Haute-Savoie, II, 310.

ARNOUX (D'), à Aurillac (Cantal), II, 117.

ASTIMA (D'), à Cervione (Corse), I, 130.

AUDEBERT, propriétaire à Thouars (Deux-Sèvres), II, 536.

AUDÉOUD, maire d'Avolsheim (Bas-Rhin), III, 271.

AUDIART, aux Lagnys (Indre), II, 577.

AUGIER, secrétaire du comice d'Annecy (Haute-Savoie), II, 335.

AULAIRE (SAINT-), à Brantôme (Dordogne), I, 562.

AULOGE, secrétaire de la Société d'agriculture à Roanne (Loire), III, 25.

AUMERLE, à Châteauroux (Indre), II, 577.

AUSTRUI, à Marvéjols (Lozère), II, 70.

AYRAL (D'), Tarn-et-Garonne, I, 381.

AZAÏS (Félix), à Castres (Tarn), II, 19.

B

Bacot de Romans, à Vernou-sur-Brenne (Indre-et-Loire), II, 671.

Baltet (Charles), Aube, III, 114, 117, 120.

Bar, Meuse, III, 349.

Barbe, percepteur à Voiteur (Jura), II, 389.

Barbiat (Alfred), chef de division à la préfecture de la Vienne, II, 542.

Barles, à Draguignan (Var), I, 63-96.

Barrau, Aveyron, II, 50, 58.

Barré, Loire-Inférieure, II, 593.

Bart (De), à Argentat (Corrèze), II, 121, 126.

Barthet, à Marseille (Bouches-du-Rhône), I, 198.

Baslin, à la Croix-de-Bléré, par Bléré (Indre-et-Loire), II, 659.

Baudet-Lafarge, Puy-de-Dôme, II, 157, 163, 180, 187, 194.

Bault (Du), président du comice de Saumur, à Distré (Maine-et-Loire), II, 625.

Baumez, maire d'Aubière (Puy-de-Dôme), II, 193.

Bazille (Gaston), Hérault, III, 641.

Béarn (Comte de), château de la Roche-Beaucourt (Dordogne), I, 565; II, 454.

Beaumes (Docteur), à Saint-Gilles (Vaucluse), I, 216.

Beaumetz, au château de Trepatour, par Vendôme (Loir-et-Cher), II, 723.

Beaumont (Comte Arthur de), à la Garillère, par Almont (Vendée), II, 503.

Beaumont (Docteur), à Fèves (Moselle), III, 337, 338, 340.

Becquerel, membre de la Société centrale d'agriculture de France et de l'Académie des sciences, II, 613.

Béhic, ministre de l'agriculture, I, vii.

Belhomme, aux Filles-Dieu (Eure-et-Loir), III, 531.

Belisle, à Celle (Dordogne), I, 566.

Bellenaves (Marquis de), clos de Saisselon, à Bellenaves (Allier), III, 157.

Bellisle (Aug.), à Celles, par Tocane-Saint-Apre (Dordogne), I, 522.

Belloc, près Saint-Estèphe (Ain), II, 349.

Belot (De), à Bouxeuil (Loir-et-Cher), II, 688.

Bénarié (Docteurs), Savoie, II, 295.

Benoist-Dubuis, à Limoges (Haute-Vienne), II, 139.

Béraut, à Aix (Bouches-du-Rhône), I, 196.

Berdin, à Coulange-la-Vineuse (Yonne), III, 138.

Berger, à Miserey, par Besançon (Doubs), II, 403.

Bergier, propriétaire à Tain (Drôme), II, 236.

Bergis (Léonce), secrétaire de la Société d'horticulture, à Montauban (Tarn-et-Garonne), I, 381, 409.

Bermont (De), à Gaillac (Tarn), II, 21.

Bernardi-Bernardi, propriétaire à Collioure (Pyrénées-Orientales), I, 280.

Berry, 28, rue Saint-Sulpice, à Bourges (Cher), III, 202.

Berthaud-Aladenize, à Issoudun (Indre), II, 577.

Bertherand, à Poligny (Jura), II, 389.

Berton, au château de Condorcet (Vaucluse), I, 209.

Bertrand (Le général), Indre, II, 577.

Bertrand (Baron), Indre, II, 577.

Bessières (Docteur), à Brantôme (Dordogne), I, 562.

Beymier, Tarn-et-Garonne, I, 416.

Bignon, Indre-et-Loire, II, 675.

Bignon, Indre, II, 213.

Biloin, à la Grille, par Chinon (Indre-et-Loire), II, 661.

Blainville (De), à Mettray (Indre-et-Loire), II, 679.

Blanc-Marie, commune de Publier (Haute-Savoie), II, 312.

Blancpied, à Saint-Martin (Moselle), III, 338, 339.

Blandin, avocat, à Pau (Basses-Pyrénées), I, 363.

Bobée, à Orléans (Loiret), III, 232.

Boby de la Chapelle, commune de Bussières, par Bellac (Haute-Vienne), II, 139.

Bodin, domaine de Châteauvieux, par Saint-Aignan (Loir-et-Cher), II, 367, 721.

Boisteau, maire de Gorges (Loire-Inférieure), II, 600.

Bonafous-Murat, au château d'Anglars (Lot), II, 33.

Bonand (H. A.), président de la Société d'agriculture de l'Allier, à Moulins (Allier), III, 1.

Bonand (Adolphe de), au château de Vallières, à Neuvy, par Moulins (Allier), III, 159.

Bonhomme (Jules), à Sainte-Colombe (Lot-et-Garonne), I, 427.

Bonjean, à Chambéry (Savoie), II, 295.

Bonnefoy (De), Haute-Loire, II, 111.

Bonnefoy-Sicre, Aude, I, 267.

Bonnet, à Aubagne (Bouches-du-Rhône), I, 193.

Bonneton, à Chantelle-le-Château (Allier), III, 167.

Bories (Docteur), à Albi (Tarn), II, 3, 18.

Borin, à Thonon (Haute-Savoie), II, 341.

Rouault, directeur de la ferme-école de Villechaise (Indre), II, 577.

Boucherot, au château de Carbonnieu, commune d'Ornon, par Bordeaux (Gironde), I, 455-460.

Bouchez, à Treloup (Aisne), III, 438.

Bouclier (Mme), à Puyferrat (Dordogne), I, 560.

Bounin père et fils et Agathocle, à Nice (Alpes-Maritimes), I, 46-48.

Bouraud, à Cognac (Charente), II, 453.

Boursier jeune, à Chevrières (Oise), III, 479, 487, 490, 494.

Bouscasse, à Puilboreau, par la Rochelle (Charente-Inférieure), II, 485; III, 667.

Boussarot, métayer de M. Piotay, à Saint-Front-de-Pradoux (Dordogne), I, 576.

Boussingault, membre de l'Académie des sciences, III, 641.

Boutillier de Beaumont, à Collonges-sous-Salève (Haute-Savoie), II, 340.

Bouygues, à Bétaille, par Gourd (Lot), II, 39.

Brennier, propriétaire à Charmes (Vosges), III, 288, 295.

Bressoles (Marquis de), au château de Bressoles, par Moulins (Allier), III, 1, 159.

Breyton, à Crest (Drôme), II, 241.

Briant (Le colonel), Doubs, II, 403.

Brissac (Marquis de), à Maranville (Haute-Marne), III, 356.

Brochard, à Mainvilliers, pays chartrain (Eure-et-Loir), III, 520.

Brossier, à Saint-Denis (Eure-et-Loir), III, 531.

Brun, à Duran, près Auch (Gers), II, 374.

Brunel, à Issoire (Puy-de-Dôme), II, 185.

Brunet, à Monbazillac (Dordogne), I, 558.

Buisson, à Grenoble (Isère), II, 251.

Bureau, propriétaire, Deux-Sèvres, II, 536.

C

CAILLIAUD, Loire-Inférieure, II, 605.

CALEMARD DE LA FAYETTE, au Puy (Haute-Loire), II, 103.

CAMPAGNE (Marquis DE), au château de Campagne, près le Bugue (Dordogne), I, 545.

CANTENAC, à Saint-Émilion (Gironde), I, 495.

CARAU, à Lorry-devant-le-Pont (Moselle), III, 329, 337, 340.

CARBONNIER DE MARZAC (DE), à Saint-Cyprien (Dordogne), I, 545.

CARLOT (Docteur), Aube, III, 98.

CARLOTTI, directeur du pénitencier de Saint-Antoine (Corse), I, 149.

CARRÈRE-DUPIN, président du tribunal civil à Castelsarrazin (Tarn-et-Garonne), I, 381-408.

CARTAUD, Tarn-et-Garonne, I, 416.

CASABIANCA (Comte DE), 17, rue Marignan, à Paris, I, 132.

CASTELMORE (Comte DE), au château de Labatut, par Maubourguet (Hautes-Pyrénées), I, 345.

CASTELNAU, secrétaire de la mairie de la Teste (Gironde), I, 452.

CAUSSE-NÈGRE, domaine de Massereau, par Sommières (Gard), I, 225; III, 667.

CAZALIS-ALLUT, aux Aresquiès, Montpellier (Hérault), I, 244-251.

CAZENAVE, à la Réole (Gironde), I, 471; II, 324, 329; III, 116.

CELLARIÉ, ferme-école de Montat, par Cahors (Lot), II, 34, 42.

CHABAUD aîné, à Montélimar (Drôme), II, 242.

CHADENET, à Moulainville, par Étain (Meuse), III, 352.

CHALIN, Savoie, II, 294.

CHAMBARDEL (Docteur), Charente, II, 466, 494; III, 665.

CHAMPIN, sous-préfet de Baume-les-Dames (Doubs), II, 412.

CHANEL, à Treffort (Ain), II, 360.

CHANTENS (D'), à Saint-Julien (Haute-Savoie), II, 339.

CHAPELIER, instituteur à Épinal (Vosges), III, 300.

CHAPER (A.), à Poisat, par Grenoble (Isère), II, 265.

CHAPTAL, à Ispagnac (Lozère), II, 70.

CHAPUIS-MONTLAVILLE (Baron DE), domaine de Chardonnay (Saône-et-Loire), III, 47.

CHARMEUX (Rose), à Thomery (Seine-et-Marne), I, 44, 268.

CHARRIER, secrétaire du Comité d'agriculture de Loir-et-Cher, à Blois (Loir-et-Cher), II, 701.

CHASSIN, Lot, II, 40.

CHASSIRON (Baron DE), au château de Beauregard, près de Nouaillé, arrondissement de la Rochelle (Charente-Inférieure), II, 466, 495; III, 667.

CHAUVET, maire à Ladon (Loiret), III, 213, 215.

CHAUVIN, maire de Montoire (Loir-et-Cher), II, 723.

CHAVEBONDIER (F.), rue de la Paroisse, à Roanne (Loire), III, 25.

CHEVALIER (L'abbé), secrétaire de la Société d'agriculture de Tours (Indre-et-Loire), II, 681.

CHEVALLEREAU, commune des Pineaux, par Mareuil-sur-Lay (Vendée), II, 503, 515.

CHEVREAU, préfet de la Loire-Inférieure, II, 589.

CHEVREUL, membre de l'Institut, au Muséum, à Paris, I, 15.

CLERC, propriétaire, à Pape-Clément (Gironde), I, 432.

CLERC, auteur d'une brochure sur la vigne, II, 259-263.

CLOUTRIER, près Gien (Loiret), III, 210.

COLLIGNON, aux Dôles (Moselle), III, 336.

COLLIN, à Épinal (Vosges), III, 298.

COMBES, à Saint-Geniez-de-Rive-Dolt (Aveyron), II, 48, 56.

COMBES, à la Rafigue (Tarn), II, 19.

CONTADES (Comte DE), à Luynes (Indre-et-Loire), II, 679.

CONTE-GRANDCHAMP, Corse, I, 104.

CORNU (Jules), à Châteauroux (Indre), II, 562, 577, 580.

COSSÉ, pharmacien à Gaillac (Tarn), II, 21.

COSTE, à Salins (Jura), II, 374, 379, 384, 389.

COUGNY (DE), au château de Savigny, à Orches, par Lencloître (Vienne), II, 560.

COURTELLE, contrôleur des contributions directes à Thouars (Deux-Sèvres), II, 536.

COURTILLIER, vice-président du comice de Saumur (Maine-et-Loire), II, 642.

COURTOIS, à Mainvilliers, pays chartrain (Eure-et-Loir), III, 520.

CRANNEY, propriétaire, Aisne, III, 451.

CROUPRIE, président de la Société d'horticulture de Nantes (Loire-Inférieure), II, 601.

CROUX, à Châtenay (Seine), III, 513.

CUÉNOT (Le commandant), à Arc, par Gray (Haute-Saône), II, 423.

CUIZEN-LAZARRE, à Sainte-Savine (Aube), III, 113.

CULLIER, à Château-du-Loir (Sarthe), III, 552.

D

DALIGNY, propriétaire, à Angers (Maine-et-Loire), II, 640.

DAMOURETTE, Indre, II, 213, 577, 584.

DANGER, ingénieur, à Paris, II, 463.

DARAN, au château de Guérande, à Jurançon (Basses-Pyrénées), I, 353.

DARMES, propriétaire à Ceyzeriat (Ain), II, 361.

DATRY, à Saint-Avertin, par Tours (Indre-et-Loire), II, 679.

DAUSSEL, président de la Société d'agriculture de la Dordogne, à Périgueux, I, 558.

DAVAUX, jardinier chef, colonie de Mettray (Indre-et-Loire), II, 671.

DEBIAT, Tarn-et-Garonne, I, 416.

DECAISNE, professeur au Jardin des Plantes et membre de l'Académie des sciences, à Paris, II, 304.

DECAZES (Baron), à Albi (Tarn), II, 18.

DÈCLE, à Neuville (Vienne), II, 559.

DECOUT, à Roche-Corbon, par Vouvray (Indre-et-Loire), II, 679.

DEJEAULT, à Dissay (Sarthe), III, 552.

DEJERNON, à Pau (Basses-Pyrénées), I, 353.

DEJOUZ, à Chaménac (Ardèche), II, 78, 85.

DELAPIERRE, président de la Société d'agriculture de la Lozère, II, 72.

DELBREL, président du comice de Villeneuve-sur-Lot (Lot-et-Garonne), I, 421.

DELCASSE, au château de Lauraguel, près Limoux (Aude), I, 270.

DELEMUT, à Lorry-devant-le-Pont (Moselle), III, 338-340.

DELILLE, à Brantôme (Dordogne), I, 562.

DEMANGEAT, Loire-Inférieure, II, 605.

DESARS, à Saint-Junien (Haute-Vienne), II, 150.

DESCOURADES (A.), à Mareuil (Dordogne), I, 548.

DESFONTAINES, I, 17.

DESPONT, à Abondant (Eure-et-Loir), III, 531.

DESVIGNES, maire de la Chapelle-de-Guinchay (Saône-et-Loire), III, 34.

DEZAUNAY (Alfred), 15, rue des États, à Nantes (Loire-Inférieure), II, 605.

DIVE, secrétaire de la Société d'agriculture de Mont-de-Marsan (Landes), I, 365.

DOMENGER, propriétaire à Mugron (Landes), I, 365.

DORVILLE, à Brioude (Haute-Loire), II, 113.

DRAKE DEL CASTILLO, château de Candé, commune de Monts (Indre-et-Loire), II, 675.

DRIARD, à Beaune-la-Rolande (Loiret), II, 213; III, 220.

DROUET (Justin), à Bize, par la Ferté-sur-Amance (Haute-Marne), III, 355.

DUBOLOZ, trésorier du comice de Thonon (Haute-Savoie), II, 341.

DUBOST, maire de Montilly, par Moulins-sur-Allier (Allier), III, 159.

DUBOULOZ, membre de la Société centrale de la Savoie, II, 295.

DUBREUILH, à Montauban (Tarn-et-Garonne), I, 405.

DUCHARTRE, membre de l'Académie des sciences, etc. I, 19; III, 556.

DUCHÂTEAU, à Bellac (Haute-Vienne), II, 140.

DUCHÂTEL (Comte N.), à la Grange, par Bordeaux (Gironde), I, 435.

DUCLUSEAU, à Verteillac (Dordogne), I, 517.

DUCOMETTE, à Buzet, par Damazan (Lot-et-Garonne), I, 422.

DUCOUX, à Mansle (Charente), II, 454.

DUFLOS, à Loudun (Vienne), II, 560.

DUFOUR, à la ferme-école de Bazin (Gers), I, 377.

DUGUET, propriétaire à Châlons-sur-Marne (Marne), III, 426, 562.

DUNAND, Haute-Savoie, II, 335.

DUPAS (Baron), à Thonon (Haute-Savoie), II, 341.

DUPEYRAT, à Saint-Junien (H\u1d57\u1d49-Vienne), II, 140.

DUPONT (Paul), à Périgueux (Dordogne), I, 560.

DUPONT, côte de Montgueux (Aube), III, 113.

DUPUY (L'abbé), secrétaire de la Société d'agriculture à Auch (Gers), I, 377.

DURAND, au Mas-Sagez, par Salces (Pyrénées-Orientales), I, 277, 283.

DURAND, à Roquemaure (Gard), I, 232.

DURAND, au Puy (Haute-Loire), II, 102.

DURAND DE CORBIAC, à Corbiac, près Bergerac (Dordogne), I, 543.

DURANTIÈRE, à Rongeac, commune de Gensac, par Segonzac (Charente), II, 453.

DUROCHE, à Vouvray (Indre-et-Loire), II, 661.

DUTEIS, imprimeur, secrétaire du comice, à Villeneuve-sur-Lot (Lot-et-Garonne), I, 421.

DUVERD, à la Gabie, commune de Vernaut-sur-Vienne, par Aix-sur-Vienne (Vienne), II, 139.

DUVERNAY aîné, à Saint-Marcellin (Isère), II, 268.

E

Écorchard (Docteur), directeur du Jardin des Plantes à Nantes (Loire-Inférieure), II, 590.

Escoffier, à Sérignan (Vaucluse), I, 208.

Estival, à Villotte, commune d'Ardennais (Cher), III, 198.

F

Faure, à Saverdun (Ariége), I, 311.

Favarel, notaire, Tarn, II, 17.

Faye (De la), à Ponteyraud (Dordogne), I, 566.

Fellans, propriétaire à Bar-sur-Aube (Aube), III, 99.

Féréol (De), au Puy (Haute-Loire), II, 110.

Ferrand-Lamotte, vice-président de la Société d'agriculture, sciences et belles-lettres de Troyes (Aube), III, 112.

Ferrières (Marquis de), à la Menaudière, par Montrichard, commune de Chissay (Loir-et-Cher), II, 714.

Ferté (Marquis de la), Indre-et-Loire, II, 679.

Filhol, professeur, 14, rue Saint-Étienne, à Toulouse (Haute-Garonne), I, 322.

Fleury-Lacoste, à Cruet (Savoie), II, 234, 252, 295, 348.

Florenne (De), à Argancy (Moselle), III, 334.

Florentin, métayer à Saint-Aulaye (Dordogne), I, 570.

Fonteix, à Rodez (Aveyron), II, 64.

Fontenailles (De), au château de Moraine (Maine-et-Loire), II, 624.

Forest aîné, gérant de la Compagnie des grands vins de Bourgogne, Côte-d'Or, III, 91.

Forest, I, 38.

Forest, arboriculteur, III, 652.

Fortuné, à Meyssac (Corrèze), II, 136.

Foucher, à Restigné (Indre-et-Loire), II, 660.

Fouillade, à Montvalent (Lot), II, 37.

France (De), à la ferme-école de Mandou, par Castres (Tarn), II, 19.

Francheville (De), Morbihan, III, 578.

Franclieu (Marquis de), au château de Lascazères, par Maubourguet (Hautes-Pyrénées), I, 336.

Fruchier, à Digne (Basses-Alpes), I, 59.

G

Gaillard, président du comice agricole d'Annecy (Haute-Savoie), II, 335.

Galais (M. et Mme), à Saint-Cyr-sr-Loire, par Tours (Indre-et-Loire), II, 671.

Galbert de la Buisse, à la Buisse (Isère), II, 265.

Galinan, Loiret, III, 229.

Gallard (L. de), à Connezac (Dordogne), I, 565.

Gallicher, vice-président du comice agricole de Bourges (Cher), III, 184.

Gelmiche, à Vesoul (Haute-Saône), II, 429.

Garnier, à Essoye (Aube), III, 105.

Garrisson, à Beausoleil (Tarn-et-Garonne), I, 394-408.

Gasparin (De), Sarthe, III, 562.

GAUCLER, président du comice agricole de Wissembourg (Bas-Rhin), III, 279.

GAUDAIS, à Nice (Alpes-Maritimes), I, 42.

GAUJON, à Arbins (Savoie), II, 293, 295.

GAULY, Vendée, II, 503.

GAVEAU, à Romorantin (Loir-et-Cher), II, 720.

GAZAN, à Antibes (Alpes-Maritimes), I, 38.

GENTIL-JACOB, Maine-et-Loire, II, 623.

GÉRARD, à Montoire (Loir-et-Cher), II, 723.

GERMAIN (Docteur), à Château-Thierry (Aisne), III, 436, 441.

GERMONIÈRES (DE), au château de Joué (Indre-et-Loire), II, 659.

GERVAIS (Mlle), III, 313, 659.

GIRAUD, à Niort (Deux-Sèvres), II, 535.

GIRONDE (DE), Tarn-et-Garonne, I, 416.

GIROU DE BUZAREINGUES, à Marcillac (Aveyron), II, 50, 58.

GLAVENAS (DE), en Beaujolais, III, 17, 676.

GOERG, propriétaire à Châlons-sur-Marne (Marne), III, 400.

GOHIN, au vignoble de Châteaumeillant (Cher), III, 196.

GONTHIER, à Fléac, par Angoulème (Charente), II, 453, 455.

GORSE, Tarn, I, 22.

GOUIN, notaire à Paimbœuf (Loire-Inférieure), II, 593.

GOUPILLEAU, 3, rue Cambronne, à Nantes (Loire-Inférieure), II, 592.

GOURCY (Comte DE), II, 712.

GOUT-DESMARTRES, président de la Société d'agriculture, à Bordeaux (Gironde), I, 460.

GOUZOT (Camille), à Monbazillac, près Bergerac (Dordogne), I, 543.

GRAMMONT (DE), à Nérac (Lot-et-Garonne), I, 422.

GRANDJUX (MM.), Haute-Savoie, II, 310, 314, 323.

GRANGENT, à Puisséguin, par Lussac (Gironde), I, 504.

GRATTON, Loire-Inférieure, II, 592.

GRASLIN (DE), à Malicorne, près Chahaignes (Sarthe), III, 559.

GRAVES, auteur de la *Statistique de l'Oise*, III, 480.

GRENIER, propriétaire à Baume-les-Dames (Doubs), II, 414.

GROS, à Ollwiller (Haut-Rhin), III, 244, 264.

GUÉNIN, Aube, III, 107.

GUÉNIN-GAUTRON, à Sainte-Savine, par Troyes (Aube), III, 113.

GUÉRINES (DE), à Clermont (Puy-de-Dôme), II, 194.

GUIBBERT (Docteur), à Périgueux (Dordogne), I, 560.

GUICHARD, vigneron, Ain, II, 374.

GUILLORY, à la Roche-aux-Moines (Maine-et-Loire), II, 611, 614, 622.

GUYOT (Mme Léonide), à Noizay (Indre-et-Loire), II, 679.

H

HAINGUERLOT, au château de Villandry, par Savonnières (Indre-et-Loire), II, 676.

HALES, I, 15.

HAMON, maire de Lascazères (Hautes-Pyrénées), I, 345.

HELLEN (Mme), à Kerblaye (Morbihan), III, 577.

Hennequin, viticulteur à Angers (Maine-et-Loire), II, 619.
Henrion, Meurthe, III, 313.
Hooïbrenk, Aube, III, 109, 427.
Hory, Doubs, II, 403, 408.
Houssard, président de la Société d'agriculture d'Indre-et-Loire, à Tours, II, 681.

Hudelot, à Beurre, par Besançon (Doubs), II, 402.
Huot (Le conseiller), à Metz (Moselle), III, 323, 332, 338.
Huret, jardinier à Mainville (Aisne), III, 448, 451.
Hussenot, à Bussy-la-Côte, par Bar-le-Duc (Meuse), III, 350.

I

Imbert (Docteur), à Saint-Symphorien, par Tours (Indre-et-Loire), II, 679.
Imbert (D'), président de la Société

d'agriculture de Lot-et-Garonne, I, 425.
Inkermann, Maine-et-Loire, II, 641.

J

Jacquier, Haute-Savoie, II, 338.
Jacquin, à Scy (Moselle), III, 329, 337.
Jacmod, Haute-Savoie, II, 335.
Jalouste, chef de division à Clermont (Puy-de-Dôme), II, 180, 192, 193.
Jaumes, Alpes-Maritimes, I, 51.
Jobert-Claire, à Brignoles (Var), I, 96.
Johannot, aux Tuffières, commune de l'Homme (Sarthe), III, 552.
Joly, au Trois-Moutiers (Vienne), II, 551, 560.

Jobias (De), à Palus-de-Moulon (Gironde), I, 480.
Jouffrey, à Saint-Aulaye (Dordogne), I, 567.
Jourdain, à Rouffach (Haut-Rhin), III, 244, 264.
Jouvin, à la Grande-Tronche (Isère), II, 252.
Jullien, auteur de la *Topographie des vignobles*, I, 171, 523; III, 546, 573.

K

Karr (A.), à Nice (Alpes-Maritimes), I, 42.

L

Labarrière, à Brantôme (Dordogne), I, 562.
Labaume, premier président à la cour d'appel de Nîmes (Gard), I, 236.
Laburthe, Corse, I, 149.
Laeger, à la Rafique (Tarn), II, 19, 20.

Lafond (Ch.), à Cruezier-le-Vieux, par Cusset (Allier), III, 156.
Laforgue, Tarn, I, 380; II, 19.
Laistre (Comte de), Vienne, I, 170; II, 560.
Lamarche, avoué à Florac (Lozère), II, 70.

LAMARZELLE (DE), canton de Sarzeau, arrondissement de Vannes (Morbihan), III, 573, 576.

LAMBERT, sous-préfet de Toul (Meurthe), III, 317.

LAMBRY, pépiniériste à Mandres, arrondissement de Corbeil (Seine-et-Oise), III, 119.

LAMINIÈRES (DE), arrondissement de Laon (Aisne), III, 431, 438.

LAMOTHE, à la Villedieu (Tarn-et-Garonne), I, 407.

LAMOTTE, juge de paix à Maubourguet (Hautes-Pyrénées), I, 345.

LANET, propriétaire, Haute-Saône, II, 418.

LANGLOIS (Docteur), au Puy (Haute-Loire), II, 103.

LANTERNIER, à Guénétrange (Moselle), III, 329, 335.

LAPEYRÈRE, 96, place Bosquet, à Pau (Basses-Pyrénées), I, 353.

LARLINQUE (Mᵐᵉ), à Pamiers (Ariége), I, 311.

LAROCHE (Docteur), à Grand-Baunay-aux-Fouassières (Maine-et-Loire), II, 614, 622.

LARRÉ, maire à Peyriguère (Hautes-Pyrénées), I, 335.

LAURENS, président de la Société d'agriculture de l'Ariége, Ariége, I, 307-311.

LAURENS, Doubs, II, 403.

LAURENT (Paul), à Besançon (Doubs), II, 393.

LAUTHONNY (Baron DE), à Argentat (Corrèze), II, 125.

LAVERGNE (DE), I, 112; III, 651.

LAVEYRIE (DE), au château de Souloges, près Argentat (Corrèze), II, 122.

LECHATELLIER, ingénieur des mines, à Salles (Gironde), I, 432.

LEFÈVRE-TROUVÉ, maire de Couchey (Côte-d'Or), III, 80.

LEMAÎTRE, à Chissay, par Montrichard (Loir-et-Cher), II, 714.

LEMAT, à Saint-Victurnien, par Saint-Junien (Haute-Vienne), II, 139.

LEMÉE, à Marseille (Bouches-du-Rhône), I, 197.

LEMONNIER, à Montigny, par Villière (Eure-et-Loir), III, 534.

LEPERCHE, à Saint-Émilion (Gironde), I, 480, 568-569.

LEPIN (Baron), au château de Montigny, par Arbois (Jura), II, 384.

LEROY (A.), quai Jean-Bart, à Nantes (Loire-Inférieure), II, 610, 614.

LEROY, à Angers (Maine-et-Loire), II, 471, 622.

LEROY DE LONGWÉ, à Battay, par Vouziers (Ardennes), III, 379.

LESERPH, à Niort (Deux-Sèvres), II, 535.

LESPÉRUT (Baron DE), à Eurville (Haute-Marne), III, 356.

LESTOURGIS, à Argentat (Corrèze), II, 128.

LETANNEUR, notaire à Vernon (Eure), III, 543.

LETOURNEUR, à Cheverny, par Cour-Cheverny (Loir-et-Cher), II, 717.

LETROSNE, à Saint-Ay (Loiret), III, 329.

LEVAUX, à Ressons-le-Long (Aisne), III, 451.

L'HERMITTE, à Mont-Saint-Père, par Château-Thierry (Aisne), III, 436.

LIÉBERT (Baron Ch. DE), au château de Nitray, à Aire, par Bléré (Indre-et-Loire), II, 667.

LIÉGE (E.), Ille-et-Vilaine, III, 571.

LIGNIÈRES (F.), 5, allée Louis-Napoléon, à Toulouse (Haute-Garonne), I, 323.

LIMPERANI, à Bastia (Corse), I, 108.

LOTA, à San-Gaetano (Corse), I, 122.

Loubignat (L'abbé), à Brives (Corrèze), II, 133, 137.

Louis (Frère), directeur de l'établissement des sourds-muets, à Saint-Gabriel (Loire-Inférieure), II, 589.

Loury, à Thouars (Deux-Sèvres), II, 533, 536.

Loyère (Comte de la), au château de Savigny (Côte-d'Or), I, 170; II, 6, 234; III, 68, 84, 85, 461.

Loyère (Vicomte de la), au château de la Loyère (Saône-et-Loire), III, 54, 641.

Luppé (De), Ariége, I, 310.

Lure-Saluce (Marquis de), à Château-Iquem (Gironde), I, 407.

Lurguys, ancien juge de paix, à Luzech (Lot), II, 29, 34.

Lussandeau (Denis), à Chissay, hameau de Beaune (Loir-et-Cher), II, 712.

Luynes (Duc de), à Luynes (Indre-et-Loire), II, 679.

M

Machard (Henri), Doubs, II, 411.

Magen, secrétaire de la Société d'agriculture, à Agen (Lot-et-Garonne), I, 425.

Magne, à la Rosée-Saint-Émilion (Gironde), I, 495.

Mahuzier, à Castres (Tarn), II, 19.

Maisonneuve (Docteur), Vienne, II, 560.

Malessy (Comte de), à Châteauneuf-Casermier, par Orange (Vaucluse), I, 211.

Malingié, à la Charmoise (Loir-et-Cher), II, 722.

Mallet (De), à Sorges (Dordogne), I, 559.

Malvilan, à Grasse (Alpes-Maritimes), I, 25.

Mamarot, à Privas (Ardèche), II, 79.

Marais (Louis), jardinier en chef chez M. Hainguerlot, au château de Villandry, par Savonnières (Indre-et-Loire), II, 677.

Marchand, Doubs, II, 403, 408.

Marcon, à Lamothe-Montravel (Dordogne), I, 463, 471, 479, 482, 552; II, 324, 329.

Marcoux, à Champlitte (Haute-Saône), II, 420.

Maréchal, ingénieur en chef des ponts et chaussées, à Vierzon (Cher), II, 720.

Marey (Ferdinand), Côte-d'Or, III, 85.

Marquet, directeur de la colonie Saint-Hilaire, commune de Saint-Sauveur-d'Aubarnaye, pr Châtellerault (Vienne), II, 560.

Marrou, à la Saulce-des-Alpes (Hautes-Alpes), II, 217, 223.

Marteau, à Vaux (Vienne), II, 558.

Martelière, maire de Vendôme (Loir-et-Cher), II, 723.

Martineau, à Luynes (Indre-et-Loire), II, 679.

Martinière (Mme de la), Maine-et-Loire, II, 629.

Martinière (De la), à Vesoul (Haute-Saône), II, 429.

Masquelier (Émile), propriétaire agriculteur, Indre, II, 577.

Masse, à la Jommeillères (Dordogne), I, 564.

Massé, 1, rue de la Grosse-Armée, à Bourges (Cher), II, 579; III, 203.

Masson (Victor), à Paris, I, x.

Masson de Morfontaine, Aube, III, 99.

Mazzoni, à Alzetto, par Cervione (Corse), I, 132.

Meissonnier, à Valserres, par Gap (Hautes-Alpes), II, 216.

Méline, maire d'Aloxe (Côte-d'Or), III, 74.

Menars (De), à la Bastide, commune de Saint-Viance, par Donzenac (Corrèze), II, 133, 137.

Mercier, à Saint-Brévin, par Nantes (Loire-Inférieure), II, 592.

Messemé (De), à Loudun (Vienne), II, 551, 560.

Millaud, propriétaire à Oiron, canton de Thouars (Deux-Sèvres), II, 528.

Milles, à Aix (Bouches-du-Rhône), I, 196.

Minet frères, à la Rochelle (Charente-Inférieure), II, 494.

Mirbel, I, 15.

Miret, président de la Société d'horticulture, à Montauban (Tarn-et-Garonne), I, 417.

Mol, canton de Faverges (Haute-Savoie), II, 300.

Molines-Ducros, au domaine de Roche-ferrie, par Saint-Gilles-du-Gard (Gard), I, 216; III, 667.

Mollet-Bacon, à Gaillac (Tarn), II, 22.

Monnier, à Voiteur (Jura), II, 389.

Monnier, à Aubagne (Bouches-du-Rhône), I, 195.

Monseignat (De), à Marcillac (Aveyron), II, 64.

Montlaur (De), à Mer (Loir-et-Cher), II, 688.

Moreau, à Bletterans (Jura), II, 384.

Moreau, métayer de M. Laperche, à Saint-Aulaye (Dordogne), I, 569.

Moreau, à Quinsigny, par Bletterans (Jura), II, 389.

Mornay (De), directeur au ministère de l'agriculture, I, vii, ix.

Morogues (De), à Orléans (Loiret), III, 232.

Mourot du Chicot, au Chicot, près Agen (Lot-et-Garonne), I, 427.

Mugnier, à Gray (Haute-Saône), II, 422.

Muret, à Limoges (Haute-Vienne), II, 139, 154.

N

Nabonne, maire à Madiran (Hautes-Pyrénées), I, 336.

Nadaillac (Marquis de), canton de Morée (Loir-et-Cher), II, 723.

Naives (Comte de), à Mettray (Indre-et-Loire), II, 679.

Narbonne (De), à Soye, par Bourges (Cher), III, 203.

Nau de Beauregard, préfet du Jura, II, 369.

Néret (Renaud du), Morbihan, III, 578.

Nicole (Docteur), à Pressigny (Haute-Marne), III, 355.

Nicolle, à Vouvray (Indre-et-Loire), II, 661.

Nicot, à Brantôme (Dordogne), I, 562.

Nivière, Ain, II, 348.

Noaillé, à Verneuil-sur-Vienne, par Limoges (Haute-Vienne), II, 149.

Noailles (Comte de), à Buzet, par Damazan (Lot-et-Garonne), II, 134.

Nollet, jardinier chef chez M. Bacot de Romans, à Vernou-sur-Brenne (Indre-et-Loire), II, 671.

O

Odart (Comte), à la Dorée, commune d'Esvres (Indre-et-Loire), I, 1; II, 647; III, 139, 562, 607.

Ollery, à Roville (Meurthe), III, 315.

Ostermayer, avocat à Colmar (Haut-Rhin), III, 268.

Oyon, à Pagny-sur-Moselle (Meurthe), III, 314.

P

Padroni, à Cervione (Corse), I, 133.

Paganon, président de la Société d'agriculture de Grenoble (Isère), II, 249.

Paillet, à Peyriguère (Hautes-Pyrénées), I, 345.

Pansier, à Saint-Pierre-de-Chausselat (Ardèche), II, 82.

Papin, à Beaumont, près Clermont (Puy-de-Dôme), II, 181.

Papus (De), 20, place Saint-Georges, à Toulouse (Haute-Garonne), I, 323.

Parceval (De), au château des Perrières, par Mâcon (Saône-et-Loire), I, 176.

Parenteau, maire de Sainte-Hermine (Vendée), II, 516.

Pasquier, vigneron, régiss^r de Mme Pommier, aux Thorins (Saône-et-Loire), III, 33.

Pasteur, III, 663.

Pastoureau, préfet du Doubs, II, 393.

Passama (Docteur), à Perpignan (Pyrénées-Orientales), I, 277.

Paulo, propriétaire à Gorges (Loire-Inférieure), II, 598.

Pébelier, au Puy (Haute-Loire), II, 100.

Pécault, viticulteur, à Tours (Indre-et-Loire), II, 669, 680.

Pelletier, à Saint-Règle (Indre-et-Loire), II, 667.

Pelletier (René), à Saint-Denis-d'Anjou (Mayenne), III, 566.

Pellicot, président de la Société d'agriculture du Var, à Toulon (Var), I, 63, 73, 89, 292.

Pellion, à Villeret-sur-Loire (Loire), III, 25.

Peltreau, à Sainte-Hermine (Vendée), II, 508, 513.

Perris, vice-président de la Société d'agriculture de Mont-de-Marsan (Landes), I, 364.

Perron, propriétaire, Indre, II, 577.

Perron, propriétaire, Haute-Saône, II, 423.

Perrot (A.), président du comice agricole d'Orléans (Loiret), III, 231.

Persac, à Saumur (Maine-et-Loire), II, 641.

Phalle (Marquis de Saint-), à Montgoublin, par Saint-Benin-d'Azy (Nièvre), III, 180.

Piat, à Montgueux (Aube), III, 113.

Pichat, directeur de la Saulsaye (Ain), II, 367.

Picheret, sous-préfet à Grasse (Alpes-Maritimes), I, 25.

Pierres (Marquis de), Puy-de-Dôme, II, 257.

Piganot, banquier à Bordeaux (Gironde), I, 471.

Pigot (Docteur), Maine-et-Loire, II, 614.

Pineau, à Pontlieu (Sarthe), III, 552.

Pinet, secrétaire de la Société d'agriculture de Gap (Hautes-Alpes), II, 214.

PIOLLAT, palus de Condat (Gironde), I, 485.

PIOTAY (Docteur), à Biscaye, par Échourgnac (Dordogne), I, 575.

PIQUET, à Courmangoux, par Treffort (Ain), II, 359.

PISSARD, à Saint-Julien (Haute-Savoie), II, 339.

PITTION (Aristide), à Jujurieux, par Cerdon (Ain), II, 354.

PLANCHARD, à Beaulieu (Corrèze), II, 128.

POA, à Vaux (Vienne), II, 557.

POLI, inspecteur départemental d'agriculture, à Ajaccio (Corse), I, 148.

POMIÈS, à Argenton (Indre), II, 577, 580.

POMMIER (Mme), aux Thorins (Saône-et-Loire), III, 33.

PORLIER, directeur de l'agriculture au ministère de l'agriculture, I, IX.

PORTAL DE MOUX, près Carcassonne (Aude), I, 92, 264.

POULET, à Talloires, par Monthon-Saint-Bonnard (Haute-Savoie), II, 335.

POULMER, à Guenétrange (Moselle), III, 335, 337.

POULMER, à Thionville (Moselle), III, 329.

PREISS, maire de Riquewihr (Haut-Rhin), III, 260.

PRINCETOT, à Canon (Gironde), I, 487.

PUYBERNEAU (DE), au domaine de Buchignon, commune de Fougeré, par la Chaize-le-Vicomte (Vendée), II, 503, 515.

PUYOL (L'abbé), curé à Capbreton (Landes), I, 361.

Q

QUERQUI, à Puybelliard, par Chantonnay (Vendée), II, 514.

QUINEMONT (Marquis DE), à Paviers, par l'Ile-Bouchard (Indre-et-Loire), II, 678.

R

RABARDEAU, à Périgny, arrondissement de la Rochelle (Charente-Inférieure), II, 484.

RACLET, à Romanèche (Rhône), III, 10, 647.

RANZ, à Montrichard (Loir-et-Cher), II, 714.

RAOUX, à la Châtre (Indre), II, 577.

RAPIN père et fils, métairie Foudriat, par Coulanges-la-Vineuse (Yonne), III, 138.

RATTIER (Docteur), Yonne, III, 142.

RAY (Alexandre), maire des Riceys (Aube), III, 109.

RAY (Eugène), Aube, III, 109.

RÉAL (Félix), domaine de Beauregard (Isère), II, 256, 263, 265.

REJAL, à Dompaire (Vosges), III, 296.

REMIREMONT (Marquis DE), domaine de la Toupe, par Narbonne (Aude), I, 259.

RENAUD (Mme veuve), à Bonnefond (Tarn-et-Garonne), I, 401.

RENDU (V.), inspecteur de l'agriculture, I, 103, 489.

RÉROLE, ingénieur, administrateur des marais d'Orx (Landes), I, 366.

REYBAUD-LANGE, aux Mées (Basses-Alpes), I, 59.

RICHIER, au château de Ludon (Gironde), I, 436, 448, 454, 460.

Ridan (J.), à Riousse, commune de Livry, par Saint-Pierre-de-Moutiers (Nièvre), III, 175.

Ridier, aux Sables-d'Olonne (Vendée), II, 509.

Riocreux, peintre, à Paris, I, ix; III, 490, 505.

Riondet, à Hyères, I, 63, 292.

Rivé frères, à Anet (Eure-et-Loir), III, 531.

Rivière (De la), domaine de Chantairac, à Saint-Médard-de-Mussidan (Dordogne), I, 576.

Roberjot (L'abbé), III, 647.

Robert, à Anet (Eure-et-Loir), III, 538.

Roblin, à Neuville-de-Poitou (Vienne), II, 559.

Rochebrune (De), à Saint-Astier (Dordogne), I, 524.

Rocourt, à Vernon (Eure), III, 543.

Rodet, Ain, II, 358.

Roë, au château de Charvé (Loire), III, 24.

Roger (Docteur), propriétaire, Haute-Savoie, II, 337.

Rollet, à Thiaucourt (Meurthe), III, 309, 312.

Roque, à Rodez (Aveyron), II, 65.

Roque (Comte de la), au château de la Roque-Ordan, par Auch (Gers), I, 375.

Rouet, président de la Société vigneronne, à Saint-Aignan (Loir-et-Cher), II, 720.

Rougemont, à Marseille (Bouches-du-Rhône), I, 198.

Rouget (Docteur), à Arbois (Jura), II, 384.

Rouher, ministre de l'agriculture, I, vii.

Rouillé-Courbe, à Saint-Avertin, par Tours (Indre-et-Loire), II, 669.

Rousseau-Lombard, à Bienvenu, près Tarascon (Bouches-du-Rhône), I, 196.

Rouvre, à Essoyes (Aube), III, 105.

Roux, à Ajaccio (Corse), I, 48.

Roux, Côte-d'Or, III, 75, 76.

Royer, Aube, III, 107.

Ruolz (Marquis de), à Alleret, par Paulhaguet (Haute-Loire), II, 110.

Ruty, président du comice agricole de Lons-le-Saulnier (Jura), II, 369.

S

Sadourny, domaine des Pérelles, à Saint-Pourçain (Allier), III, 157, 160, 166.

Saintex, près Condom (Gers), I, 377.

Saint-Larry (De), à Brion (Indre), II, 567, 579.

Salle (De la), à Bussérens (Puy-de-Dôme), II, 185.

Salle (Vicomte de la), à Chitenay (Loir-et-Cher), II, 688.

Salles, fermier à Bonnefond (Tarn-et-Garonne), I, 401.

Salvat, au château de Nozieux, commune de Saint-Claude, par Blois (Loir-et-Cher), II, 684.

Sautier, Haute-Savoie, II, 335.

Sauze, chef de division, à Marseille (Bouches-du-Rhône), I, 193.

Scawinski, à Bordeaux (Gironde), I, 441.

Schattennemann, directeur des mines de Bouxwiller (Bas-Rhin), III, 280.

Schlumberger (Henri), maire à Guebwiller (Haut-Rhin), III, 244, 251, 264.

Selsis, à Viaune, par Lavardaz (Lot-et-Garonne), I, 422.

Senechi, à Grasse (Alpes-Maritimes), I, 25.

Servan (Jules), à la Roche-de-Glun, par Tain (Drôme), II, 213, 238.

Silan, à Tullins (Isère), II, 266.

Simon père et fils, à Metz (Moselle), III, 334.

Simonet, à Montluel (Ain), II, 187, 194, 366.

Siry, à Carcès (Var), I, 63.

Soulier, à Brantôme (Dordogne), I, 562.

Suffisant, propriétaire à Salins (Jura), II, 384.

Suzzoni, à Cervione (Corse), I, 134.

T

Talon, maire de Riom (Puy-de-Dôme), II, 192.

Tarrieux (De), au château de Saint-Bonnet, par Vertaison (Puy-de-Dôme), II, 194; III, 120.

Tartois, maire de Pomard (Côte-d'Or), III, 74.

Tataro, à Saint-Gaudens (Haute-Garonne), I, 326.

Taupiac, au château de Roque, par Beaumont-de-Lomagne (Tarn-et-Garonne), I, 417.

Tedénas, à Espalion (Aveyron), II, 57.

Termes (Des), à Bellac (Vienne), II, 140.

Texier, propriétaire à Pompois (Deux-Sèvres), II, 537.

Thann, Haut-Rhin, III, 264.

Thayer, au domaine de Touvent (Indre), II, 566, 577.

Thiac (De), à Puyreaux, par Mansle (Charente), II, 454.

Thomas, à Nice (Alpes-Maritimes), I, 42.

Thuaud de Beauchêne, vice-président du comité de la Sologne, à Romorantin (Loir-et-Cher), II, 684.

Thuillier, ancien préfet, Corse, I, 101.

Tillancourt (De), à la Doultre, par Viels-Maisons (Aisne), III, 435, 447.

Tizon (Arnaud), à la Justinière, par Blois (Loir-et-Cher), II, 716.

Toule (De la), à Bellac (Corrèze), II, 140, 150.

Tour-du-Pin (Marquis de la), Aisne, III, 435.

Tourette (Docteur Léon), à Loudun (Vienne), II, 560.

Tourette (Docteur Gilles de la), Vienne, II, 560.

Trappier, à Chomérac (Ardèche), II, 84.

Trastour, à Cannes (Alpes-Maritimes), I, 38.

Troplong, au Mondot, par Saint-Émilion (Gironde), I, 495.

Trouillet, à Montreuil (Seine), III, 291, 294, 305, 338, 439.

Truchetet, à Gevrey-Chambertin (Côte-d'Or), III, 74.

U

Urbe (Docteur), au Puy (Haute-Loire), II, 102.

V

Valabrègue, à Ars (Dordogne), I, 563.

Van-Iseghem, à Bouguenais (Loire-Inférieure), II, 601.

Veisser, à Ribeauvillé (Haut-Rhin), III, 262.

Verat, à Grezy (Savoie), II, 292, 294.

VERGÉ, à Veigné (Indre-et-Loire), II, 679.

VERGNE (Comte DE LA), rue et hôtel Poissac, à Bordeaux (Gironde), I, 38, 432, 459; II, 128.

VERGNETTE-LAMOTTE (Vicomte DE), à la Fosse, par Montceau-les-Mines (Saône-et-Loire), III, 663.

VERNY (DE LA), à la Plaigne, par Condom (Gers), I, 375.

VÉRONDART, à Ressons-le-Long, par Vic-sur-Aisne (Aisne), III, 447, 448.

VERRIER, jardinier en chef à la ferme-école de la Saulsaye (Ain), II, 366.

VIAL, propriétaire, près Grenoble (Isère), II, 262.

VIBERT, Aube, III, 119.

VIBRAYE (Marquis DE), à Cheverny, par Cour-Cheverny (Loir-et-Cher), II, 690.

VICIAN, à Nice (Alpes-Maritimes), I, 47.

VINCENT, à Toul (Meurthe), III, 321, 337.

VOISIN (DE), à Lavaur (Tarn), II, 21.

VONNE (DE), à Saché (Indre-et-Loire), II, 679.

VOUGY (Comte DE), président de la Société d'agriculture, au château de Vaugu, par Charlieu (Loire), III, 25.

VUILLOT, à Poligny (Jura), II, 389.

Z

ZUYLEN (Baron DE), à Nice (Alpes-Maritimes), I, 42.

FIN DE LA TABLE ALPHABÉTIQUE DES NOMS DES PERSONNES CITÉES.

TABLE ALPHABÉTIQUE ET ANALYTIQUE

DES MATIÈRES

CONTENUES DANS L'ÉTUDE DES VIGNOBLES DE FRANCE.

—

PREMIÈRE PARTIE.

—

A

ABAISSEMENT ou arqûre des branches à fruit dans les vignes, *Ariége, Basses-Pyrénées*, I, 349-350.

ALIOS. « Forme le sous-sol de vignobles re-«nommés; les racines de la vigne s'é-«talent à sa surface sans le pénétrer; il «s'effrite et fuse à l'air et constitue ainsi «un très-bon amendement,» *Gironde*, I, 432-433.

ALTITUDE des vignes dans la *Haute-Loire*, II, 100, 111; — dans la *Savoie*, II, 278.

ANDRÉ LEROY, pépiniériste; son noble exemple de désintéressement, *Maine-et-Loire*, II, 640-641.

ARAIRE ROMAIN perfectionné à deux limons, *Hérault*, I, 244; — *Pyrénées-Orientales*, I, 278.

ASSOLEMENT DES VIGNES : «son absence et la «permanence de la vigne sur le même «sol entretenue par le provignage sans «relâche sont une cause de décadence «de la culture de la vigne dans l'Aube «et ailleurs,» *Aube*, III, 95; — *Corse*, I, 168-169; — de 30 à 40 ans à Ribeauvillé, et à 25 ans à Riquewihr, *Haut-Rhin*, III, 263; — de 40 à 50 ans à Auxerre, *Yonne*, III, 135; — de 25 à 30 ans à Chablis, III, 139-140.

ARBRES FRUITIERS «meurent dans les prai-«ries fauchées, prospèrent dans les prai-«ries pâturées,» *Haute-Garonne*, I, 319; — «préservent les vignes de la «gelée, mais en revanche y attirent l'oï-«dium», *Loiret*, III, 218; — «prennent «l'humidité surabondante et nuisible à «la vigne,» *Sarthe*, III, 554-555.

B

BAN DE VENDANGE : général dans l'*Aisne*, III, 445; — on en demande l'abolition, ainsi que celle du droit de grappillage, à Limoux, *Aude*, I, 263-264; — supprimé à Argentat, *Corrèze*, II, 125; — à Beaulieu, *Corrèze*, II, 131;

— à Meyssac, *Corrèze*, II, 136; — très-rigoureux dans la *Moselle*, III, 338; — ses inconvénients, *Savoie*, II, 293-294; — supprimé à Albi, *Tarn*, II, 14.

Boutures : expérience de M. Dejaux à leur sujet; «l'extrémité de la bouture «ayant été piquée en terre comme ver-«sadi, rabattue à un œil couvert de «terre, cet œil est dans la condition «d'une graine,» *Ardèche*, II, 85-86; — «procédé pour les pratiquer dans «l'arrondissement de Tournon; les vi-«gnerons désirent qu'il n'en réussisse «que la moitié pour remplacer les man-«quants par le provignage,» *Ardèche*, II, 92-95; — «est un simple sarment «choisi parmi ceux qui ont le plus de «queues de fruits et encore des feuilles,» *Charente*, II, 446-447; — «leur pré-«paration avant la mise en place; 8 à «10 p. o/o tout au plus ne réussissent «pas; n'est taillée que la 3ᵉ ou la 4ᵉ an-«née,» *Charente*, II, 447-448; — réussit mal à Donzenac, *Corrèze*, II, 133; — pour plantation, à Bastia, *Corse*, I, 119-120; — préceptes à suivre pour leur réussite, I, 157-160; — et ses cinq tailles successives pour former la tête de la vigne, à Monbazillac, *Dordogne*, I, 538-541; — «celles prises sur le bas des sarments «sont bien moins précoces et moins vi-

«goureuses que celles qui proviennent «de la partie supérieure,» *Dordogne*, I, 576; — «depuis plus d'un siècle, à «Muret et à Toulouse, on est dans l'ha-«bitude d'enlever l'épiderme de la par-«tie qui doit être mise en terre,» *Haute-Garonne*, I, 320; — «choisie sur les «sarments qui ont porté fruit l'année «précédente, les sarments stériles don-«nant souvent des stériles; mode et «époque de sa plantation,» *Puy-de-Dôme*, II, 162-163; — «plus hâ-«tive, plus vigoureuse et plus solide «que le plant enraciné,» *Puy-de-Dôme*, II, 166; — sa mise en place extraor-dinaire et mauvaise, à Villedieu, *Tarn-et-Garonne*, I, 388; — «mode préfé-«rable de préparation et de mise en «place; supérieure au plant enraciné,» I, 71-73; — leur préparation dans la *Vendée*; leur plantation en mai, II, 506. 507; — «à Niort et à Fontenay, on «les choisit dans les sarments récoltés à «la taille de mars et d'avril,» II, 521.

Brande, maladie du raisin dans le *Puy-de-Dôme*; traitement conseillé, II, 186-187.

Brûlure des grappes (brûlis); fait des ravages considérables sur les terres à roches sous-jacentes par les chaleurs de juillet, *Charente*, II, 446.

Buis, abondant à Quingey; excellent en-grais pour la vigne, *Doubs*, II, 411.

C

Casalis Allut (M.), dans l'*Hérault*, I, 256.

Caves : bonnes dans l'*Ain*, II, 354; — il n'y en a pas à Saint-Amand, *Cher*, III, 196; — excellentes à Chinon, *Indre-et-Loire*, II, 665; — saines dans le *Jura*, II, 389; — creusées dans le

massif crayeux, éclairées sur un déve-loppement de 6 kilomètres par des puits recevant la lumière et la distri-buant au moyen de réflecteurs, inven-tion brevetée du Dʳ J. Guyot, *Marne*, III, 407-408; — excellentes dans le *Puy-de-Dôme*, II, 191; — excel-

lentes en *Savoie*, II, 293 ; — demi-souterraines à température variable ; remplacées par de simples celliers, d'une manière fâcheuse, dans l'arrondissement de Toulon, *Var*, I, 95 ; — souterraines voûtées excellentes dans *Vaucluse*, I, 214.

CELLIERS : à température variable, ne conviennent pas au vin, *Charente-Inférieure*, II, 492 ; — remarquables et monumentaux de la *Côte-d'Or*, III, 85 ; — frais dans les *Basses-Pyrénées*, I, 353.

CEP : leur nombre varie, à Saintes et à Jonzac, de 4,857 à 6,337, et à la Rochelle, Saint-Jean-d'Angely, Rochefort et Marennes, de 8,043 à 9,954, *Charente-Inférieure*, II, 473-474 ; — 40,000 à l'hectare, à Sancerre, *Cher*, III, 188 ; — 20,000 à l'hectare, à Châteaumeillant, *Cher*, III, 197 ; — de 5 à 6 mètres, portant 18 bras ayant chacun 4 et 5 yeux, à San-Gaetano, *Corse*, I, 122-123 ; — «le cep qui «ne donne rien pendant deux ans doit «être remplacé ; c'est une vache à l'é-«table ; si elle ne donne pas de lait, «il faut la changer,» *Corse*, I, 167 ; — de gamays portés au nombre de 20,000 à 24,000 par hectare, dans la *Côte-d'Or*, III, 81 ; — leur nombre par hectare dans plusieurs vignobles ; doivent être d'autant plus rapprochés et nombreux que le sol est plus maigre et le climat moins favorable, le nombre compensant ainsi la faiblesse de la végétation et de la fructification, *Gironde*, I, 437-438 ; — il y en a 1,700 à l'hectare, donnant 100 hectolitres de vin au moins, dans le système Cazenave et Marcon, *Gironde*, I, 477 ; — 3,000 à 4,000, à Bourgueil ; 9,000 à 11,000, à Tours, *Indre-et-Loire*, II, 650 ; — «20,000 à l'hec-«tare d'excellentes terres, à Saint-Ai-«gnan, Châtillon, et renouvelés par «quinzième par provignage, donnent «seulement 25 à 30 hectolitres de ré-«colte moyenne, tandis que 8,000 ceps «à l'hectare sans provignage donnent «30 à 40 hectolitres, à Cheverny,» *Loir-et-Cher*, II, 700 ; — «séculaire en *So-«logne*, rendant 228 litres de vin ; au «nombre de 8 à 10, donnant six et même «sept pièces,» II, 719 ; — 10,000 à l'hectare par la plantation, portés de 25,000 à 45,000 par le provignage, dans l'arrondissement de Vendôme, *Loir-et-Cher*, II, 722 ; — il y en a 18,000 à 22,000 par hectare au Puy, *Haute-Loire*, II, 101 ; — 6,000 à l'hectare à Saumur ; 8,000 et au-dessus à Angers, *Maine-et-Loire*, II, 617 ; — cep plus que centenaire, portant 48 grappes aussi belles qu'aucune des voisines, devant sa prospérité à l'extension qu'on l'a laissé prendre, II, 620-621 ; — de 150 ans, à verges et à coursons nombreux, à Saumur, II, 625-626 ; — 40,000 à l'hectare à Vitry-le-François, *Marne*, III, 411 ; — 40,000 à l'hectare, *Moselle*, III, 329 ; — 13,000 à l'hectare à Clermont ; 11,000 à Riom ; 10,000 à Issoire, *Puy-de-Dôme*, II, 162 ; — 7,000 à 8,000 au Mans ; 10,000 à 12,000 à la Flèche ; 1,400 à 1,600 à Saint-Calais, partout en foule, *Sarthe*, III, 551-552 ; — il y en a de 5,000 à 50,000, portant 30 à 40 grappes chacun, à la taille type, au clos du Colombier, chez M. Fleury-Lacoste, et, à côté immédiatement, 2 ou 3 raisins seulement, à la taille du pays, *Savoie*, II, 295-296 ; — 40,000 à l'hectare, dans les *Vosges*, III, 288.

II, 723; — des environs de Montbrison, *Loire*, III, 23-24; — les pineaux noirs et gris, les gamays ronds et ovales arrivent facilement à une fort bonne maturité à des altitudes de 300 à 700 mètres; ceux qu'on pourrait y ajouter, *Haute-Loire*, II, 100; — les pineaux et les petits gamays du Beaujolais se plaisent admirablement à Brioude, II, 110; — de la *Loire-Inférieure*, II, 587; — de Gien, *Loiret*, III, 210-211; — de Ladon (Gâtinais), *Loiret*, III, 217-219; — des rives de la Loire, *Loiret*, III, 227; — à Olivet, *Loiret*, le gascon n'est autre chose que la mondeuse, III, 227; — noirs et blancs; la couleur des noirs pour coupage est augmentée en faisant bouillir les pellicules séparées du mûret, puis les rejetant dans la cuve pour y rester un mois environ, *Lot*, II, 33; — de *Lot-et-Garonne*, I, 421-422-423-424-425; — pris à tort dans le Midi; ceux qu'il faudrait y introduire, *Lozère*, II, 68-69; — dominants et ceux qu'il y aurait avantage à y joindre, *Maine-et-Loire*, II, 610; — ceps noirs expérimentés par M. Guillory, depuis 1841, au nombre de douze; rapport qui existe entre la vigueur d'un cépage et la taille à laquelle on l'assujettit; expérience de M. Becquerel; «expérience «qui devrait être faite sur les divers «cépages qui composent une vigne; «conseils,» II, 611-615; — comment ils doivent être traités suivant leur variété pour donner des récoltes abondantes, *Maine-et-Loire*, II, 627-630; — de la *Marne*, «leur influence «est telle que, dans le même terrain, «le vin peut varier de 80 à 300 francs «la barrique, suivant les divers cépages «qu'il porte et leur proportion,» III,

389-390; — «les meilleurs qui pro-«fitent le mieux d'un sol et d'un climat «donnés, tel est le grand problème à «résoudre dans les vignobles,» III, 390; — de la *Haute-Marne*, III, 357; — «donnant des vins à 300 francs «la barrique succédant, sur le même «sol, à d'autres cépages produisant du «vin à 30 francs la barrique; preuve «de l'énorme influence du cépage,» III, 389; — rouges et blancs de la *Mayenne*, III, 567; — de la *Meurthe*, III, 307-308; — blanc très-fin, l'aubin, à Toul, III, 319; — de la *Meuse*, III, 349-351; — qui réussiraient dans la Bretagne et le *Morbihan*, III, 584; — de la *Moselle*, III, 325-326; — de la *Nièvre*, III, 173; — à Pouilly, III, 179-180; — de l'*Oise*, III, 482-485-486-494; — à Clermont, Riom et Issoire, *Puy-de-Dôme*, II, 183-185; — le petit gamay du Beaujolais bien préférable aux gros gamays sous tous les rapports, II, 183-184; — des vins rouges de Jurançon, *Basses-Pyrénées*, I, 352; — des vins blancs de Jurançon, I, 352; — des *Hautes-Pyrénées*, I, 343-344; — observation sur le picpoule de Peyriguère, Castelvielh, I, 344; — des *Pyrénées-Orientales*, I, 280; — de la Bavière,« le traminet ou gentil duret et «le riesling ou gentil aromatique méri-«teraient d'être introduits dans le centre «de la France,» *Bas-Rhin*, III, 282; — les gamays du Beaujolais, *Rhône*, III, 2; — des côtes du Rhône, Condrieu, Ampuis et Côtes-Rôties, III, 9-10; — «le pineau blanc conduit à long «bois rapporte plus que le gamay à «taille courte,» II, 414; — de Champlitte, *Haute-Saône*, II, 418; — «blancs d'une variété, toutes choses

« égales d'ailleurs, fournissent un vin « plus riche d'un degré en alcool que la « même variété en rouge, différence qui « peut être expliquée par la cuvaison « plus prolongée du dernier, » II, 429; — « terrains granitiques et porphyri-«ques de Romanèche-Fleurie très-«favorables aux petits gamays; argilo-«calcaires excellents pour le chardenet «ou le pineau blanc, comme les cal-«caires aux pineaux noirs et blancs; un «seul cépage, deux au plus bien choisis «pour faire de bons vins à réputation «constante, » *Saône-et-Loire*, III, 29-31; — de la *Sarthe*, III, 553-554; — de la *Savoie*, II, 289-292; — le persan produit le vin de Prinsens, II, 291; — très-sujet à l'oïdium, II, 292; — la mondeuse est le cépage caracté-ristique de la Savoie; tardive dans sa maturité; devancée de quinze jours par le pineau, II, 291-292; — de la *Haute-Savoie*, II, 306-307, 322, 332-334; — qui supportent la taille courte, II, 334; — la mondeuse, trésor de la Savoie, II, 336; — des rampes du Salève et de Saint-Ju-lien, II, 338; — de Collonges-sous-Salève, II, 339; — de Thonon, Saint-Julien, Bonneville, Annecy, II, 340; — les mêmes que ceux de Seine-et-Oise dans la *Seine*, III, 511; — de *Seine-et-Marne*, III, 466-467, 470-474, 476-477; — de Mantes, *Seine-et-Oise*, III, 498; — d'Étampes, III, 500; — de Corbeil, III, 501; — de Rambouillet, III, 501; — de Mont-morency et Deuil, III, 503-504; — à Meudon, III, 505; — de meu-nier et de meslier, à longs sarments, pendant dans un escarpement, cou-verts de fleurs et de fruits en 1864 et 1865, à Sèvres, III, 505; — à Ar-genteuil, III, 509; — cultivés dans le Niortais et à Melle, *Deux-Sèvres*, II, 525; — à Thouars et Argenton, II, 531; — leur terrain de prédilection; «pineaux et mondeuse pour les cal-«caires; syra surpasse petits gamays du «Beaujolais pour les granits; les cots, «les carbenets, les negrets, les sémil-«lons, les muscadelles pour les boul-«bènes, » *Tarn*, II, 2; — «le mélange «des cépages fins du Centre et du Nord «et des fins cépages du Midi fait des ma-«riages impossibles, » II, 4; — d'Albi, Gaillac, Castres et Lavaur, trop nom-breux pour la bonne qualité des vins, II, 12-13; — soixante variétés chez M. Victor Brun, commune de Monhe-ton, près la Ville-Dieu, *Tarn-et-Ga-ronne;* réflexions à ce sujet, I, 383-387; — à cultiver dans *Tarn-et-Garonne*, I, 417-418; — rouges, blancs, à sécher, du *Var*, I, 88-91; — le mourvèdre est le principal, I, 89; — «domine le cru, » I, 89-91; — la syra exige d'être conduite à longs bras et à taille longue; cépages divers, *Vaucluse*, I, 209-213; — qui réussiraient dans la *Vendée*, II, 504-505; — cultivés à Poitiers, Châtelle-rault et Loudun, *Vienne*, II, 554-555; — de la *Haute-Vienne*, II, 140; — ceux qui lui conviendraient, II, 141; — le pulsart (boutezat), d'une fertilité incroyable, II, 149; — grosse et petite race; *Vosges*, III, 289-297; — de l'*Yonne* : Auxerre, III, 122-131; — Coulanges, III, 137; — Chablis, III, 139; — Joigny, III, 143-144; Tonnerre, III, 147-150.

CHARRUE «avec palonnier de traction pas-«sant sous le ventre du cheval cultive «à merveille entre des lignes écartées «seulement de 70 à 76 centimètres,

« chez MM. Rapin, inventeurs de ce sys-
« tème, à Coulanges, » *Yonne*, III, 138.

CHASSELAS du Quercy, excellent; introduit
à Fontainebleau par Henri IV, *Lot*, II,
33; — au domaine de Grammont,
Lot-et-Garonne, I, 422-423; — de
Montauban; sa conduite à réformer,
Tarn-et-Garonne, I, 414-415; —
vert et roux de la Suisse; réussit bien
dans le granit, *Haute-Vienne*, II, 141.

CHAUSSAGE et DÉCHAUSSAGE, « inutiles et
« plutôt nuisibles, surtout quand les ra-
« cines ne peuvent être plongeantes :
« exemple, la Champagne; la culture à
« plat, substituée au chaussage et au dé-
« chaussage, a toujours augmenté la vi-
« gueur et la fertilité de la vigne; emploi
« de la houe de M. Portal de Moux; une
« seule bête de trait cultive, à 10 cen-
« timètres de profondeur, 1 hectare dans
« une demi-journée, ce qui permet de
« donner cinq ou six binages par sai-
« son, » *Gironde*, I, 444-445; — de
la vigne difficiles, coûteux et nuisibles
dans la *Haute-Garonne*, I, 315-319;
— exagéré dans *Lot-et-Garonne*, I,
420; — dans les *Basses-Pyrénées*,
I, 352; — pour toutes les vignes,
Hautes-Pyrénées, I, 313; — d'une manière désastreuse en *Tarn-et-Garonne*,
I, 393-394.

CIDRE : 800,000 hectolitres dans *Ille-
et-Vilaine*, III, 568; — 60,000 hectolitres dans la *Mayenne*, III, 565.

CLEF FICHEUSE perfectionnée pour la plantation des échalas, *Aube*, III, 99-100.

• CLIMAT: des *Basses-Alpes*, I, 54; — pri-
vilégié des *Alpes-Maritimes*, I, 24; —
de l'*Ariége*, I, 302; — des *Bouches-
du-Rhône*, I, 180-181; — de Brives;
délicieux camélias en pleine terre; influencé et transformé par les travaux
de l'homme, *Corrèze*, II, 120-122;

— de la *Corse*, I, 105; — de la *Côte-
d'Or*, III, 59-60; — de la *Dordogne*,
un peu inférieur à celui de Libourne,
I, 510; — un des plus heureux de
France pour la viticulture, I, 525;
— des plus favorables à la vigne,
Drôme, II, 225; — du *Gard*, I, 219;
— de la *Haute-Garonne*, I, 314; —
favorable à la vigne, sauf les orages,
et les grêles qui y sont fréquentes et
terribles, *Gers*, I, 368; — la zone
moyenne et tempérée de la France paraît donner aux fruits sucrés leur perfection d'arome et de saveur, I, 373;
— est un des plus favorables à la
vigne; plus doux et plus régulier,
dans sa température, qu'aucun département de sa région, *Gironde*, I,
434-435; — très-doux de l'arrondissement de Libourne, excellent pour
la vigne, I, 469; — donne avec le
sol une végétation et une fructification
magnifiques, *Hérault*, I, 246-247;
— favorable à la vigne, *Ille-et-Vilaine*, III, 571; — la vigne y gèle
souvent en avril et mai, y coule souvent en juin et y brûle beaucoup en
juillet et août; est peu favorable à l'oïdium, mais des plus favorables à la
finesse et à la salubrité des vins, car
il appartient à la zone des excellents
fruits sucrés, *Indre*, II, 563; — favorable presque partout à la vigne, si
l'on plantait les cépages du Nord,
Isère, II, 247; — excellent pour la
vigne, excepté dans les sables purs sur
alios sujets aux gelées printanières,
Landes, I, 356; — de la Sologne
rendu plus salubre par la culture de
la vigne et l'usage du vin, *Loir-et-
Cher*, II, 685-686; — de la *Loire*,
III, 21; — merveilleux, y permet la
culture en pleine terre des magnolia

grandiflora, des camélias, des azalées et des rhododendrons, *Loire-Inférieure*, II, 589; — meilleur pour la vigne que celui de l'Alsace, de la Lorraine, de l'Aisne et des Ardennes; l'olivier vient dans les expositions favorables des vallées, *Lozère*, II, 68; — sa supériorité; pour s'en convaincre, il suffit de parcourir les splendides jardins et pépinières de M. André Leroy, *Maine-et-Loire*, II, 620; — donne aux raisins une finesse et une légèreté qui, avec leur sucre et leur parfum, en sont le principal mérite, *Marne*, III, 389; — moins rigoureux que celui des Vosges, *Meurthe*, III, 304; — délicieux de la presqu'île de Rhuise, *Morbihan*, III, 573; — excellent pour la vigne, les végétaux et la santé humaine, *Basses-Pyrénées*, I, 348; — des plus favorables à l'agriculture et à la vigne, *Hautes-Pyrénées*, I, 330; — des *Pyrénées-Orientales*, I, 271; — les gelées blanches s'y font peu sentir en coteaux, par suite du voisinage des Vosges, qui, par contre, déterminent la formation de la grêle, *Haut-Rhin*, III, 247; — des plus favorables à la production des vins délicats, *Haute-Saône*, II, 415-416; — de l'arrondissement de Mâcon des plus favorables, *Saône-et-Loire*, III, 28-29; — de Chalon-sur-Saône, III, 29; — appartient à la zone tempérée; les raisins y sont délicieux, *Sarthe*, III, 546-547; — des meilleurs pour les fruits et les légumes, *Deux-Sèvres*, II, 518; — du Salève; s'est modifié au point de permettre l'extension de la vigne depuis l'incendie d'une grande forêt de sapins du voisinage, *Haute-Savoie*, II, 34; — excellent pour les cépages de la Gironde, de la Côte-d'Or, du Beaujolais, des côtes du Rhône et de la Drôme, *Tarn*, II, 3; — impossible d'en trouver un meilleur pour les vignes des meilleurs vignobles de France, *Tarn-et-Garonne*, I, 382; — un des plus fortunés de la France, *Var*, I, 65; — très-bon pour la vigne; frais; donne au raisin et à tous les fruits une finesse qu'ils n'ont pas où la chaleur est l'élément permanent et dominant de la végétation, *Vienne*, II, 545; — influencé d'une manière fâcheuse pour la vigne, par l'humidité qu'y entretiennent les nombreuses prairies abondamment irriguées, *Haute-Vienne*, II, 141.

Collections : de M. Verrier, jardinier chef à la ferme-école de la Saulsaye, *Ain*, II, 366; — d'étude de l'*Aveyron*, II, 64; — chez M. Boucherot, à Carbonnieux, *Gironde*, I, 455; — de cépages du comte Odart, à la Dorée, commune d'Esvres, *Indre-et-Loire*, II, 680-681; — de vignes de M. Caillaud, à Bois-Branlard, près de Nantes, *Loire-Inférieure*, II, 590-591; — de M. Guillory, à la Roche-aux-Moines, de douze cépages rouges, depuis 1841, *Maine-et-Loire*, II, 611-612; — de M. Courtillier, *Maine-et-Loire*, II, 642; — chez M. Victor Brun, à Monbeton, près la Villedieu, I, 384-385; — et école de vignes à Montauban, *Tarn-et-Garonne*, I, 416; — de cépages et vignobles d'essai créés par MM. Pellicot et Riondet, dans le *Var*, I, 89-90.

Colonisation par la famille de travail; «valeur foncière de cette famille; terrain à lui donner à cultiver; obligations réciproques du propriétaire et de la famille de travail,» *Corse*, II, 110-119; — même sujet, *Vienne*, II, 558-559.

Conduite de la vigne en hautain ou en treille, dans l'*Ain*, II, 345-346; — en treillons, sans cultures intercalaires, II, 346-348; — trop élevée à Ambérieux, nuit à une complète maturité, II, 350-351; — de deux façons, à Treffort, sur souche basse, à raison de 15,000 ceps à l'hectare, et à long bois de 8 à 12 yeux éborgnés, piqué en terre; sur perchette horizontale, de 30 à 40 centimètres de terre, II, 356 - 359; — dans l'*Aisne*, à peu près semblable à Château-Thierry, Soissons et Laon, avec *ploie* ou long sarment de 10 à 12 nœuds rattaché en cercle au cep ou à l'échalas, ou encore piqué en terre; il s'appelle alors *picaude*; ce dernier n'a presque jamais de fruit dans son milieu; une troisième conduite, qui conserve des souches de 70 à 80 centimètres de hauteur avec 3 à 4 broches à deux nœuds, plus une branche à fruit nommée *spiat*, attachée à l'échalas voisin, que la gelée atteint rarement, grâce à son élévation; ce système, qui a de l'analogie avec les treilles, donne, suivant l'année, de 60 à 120 hectolitres à l'hectare, III, 433-439; — sur arbres, à Ressons, à Ambleny et à Saint-Baudry; «ceps «très-gros, portant souvent 400 à 500 «grappes, dont la position retombante «et pendante favorise la fécondité. «Cette conduite redoute peu les ge- «lées, mais bien les hannetons. Les «vignes sur arbres à grande arbores- «cence existent de temps immémorial «et y sont conservées, à l'encontre «des vignes basses, qui sont arrachées «comme donnant un produit insuffi- «sant,» III, 447-452; — rouge, dans l'*Allier*, III, 155 - 158; —

blanche, à deux échalas, III, 158-159; — blanche, en berceau, avec deux versadis à chacune; végétation et fructification des plus abondantes, III, 160-164; — dans les *Basses-Alpes*, I, 54-56; — dans les *Hautes-Alpes*, II, 218-222; — comparative de la longue branche à fruit horizontale et la branche courte à bois verticale, avec la souche sur terre, II, 222-223; — à la Gaude, *Alpes-Maritimes*, I, 27-30; — dans l'arrondissement de Grasse, I, 34; — dans le Bellet, I, 36-37; — chez M. le baron de Zuylen, à Nice, I, 43-44; — propagée par M. Gaudais, chez MM. Bounin, I, 46-47, 51; — «à plusieurs éta- «ges, profitable pour les raisins de «table, ne peut convenir aux raisins «de cuve, par suite de l'inégalité de «maturité des différents étages de «raisins, qui est en raison inverse des «hauteurs, infériorité radicale sous «le rapport viticole de la conduite «sur arbres, treilles et treillons,» I, 45-46; — 1° en plaines ou pentes douces; 2° en vignes pleines, sans cultures intercalaires; 3° en terrasses ou gradins, généralement sur défonçage coûteux et nuisible, *Ardèche*, II, 83-85; — de l'arrondissement de Tournon paraît se rattacher à celle suivie à Tain et à l'Hermitage; sa description, II, 91-97; — à Vouziers, recouchage annuel de la vigne, *Ardennes*, III, 376-379; — à Rethel, se rapproche de celle de l'Alsace, III, 380 - 383; — très-variée dans les contrées pyrénéennes; en hautains là où l'on craint les gelées, et sur souches basses ailleurs, *Ariége*, I, 302-303; — à taille courte, à Saverdun et longue, avec liane de soutene-

ment, à Pamiers, Foix et Varilles, I, 3o3-3o6; — à Bar-sur-Aube, pour les gamays, III, 96; — pour les plants nobles, III, 96-98; — à Bar-sur-Seine, en souche à plusieurs bras apparents ou souterrains, III, 101-103; — suivant le système Hooï-brenk; ses résultats au bout de deux ans, *Aube*, III, 109-111; — à Troyes et surtout à Laines-aux-Bois, où M. Ferrand-Lamotte a dressé tout un vignoble de pineaux à la branche à bois et à la branche à fruit, III, 112; — à pied ou en treilles, dans les environs de Troyes; celle en treilles y est une spécialité très-bien entendue, III, 112-113; — en treilles, chez M. Charles Baltet, pépiniériste à Troyes, III, 114-120; — les mêmes que dans l'Hérault et les Pyrénées-Orientales, I, 260; — près Carcassonne, chez M. Portal de Moux, accompagnée de livres d'annotations et de comptes les plus clairs, I, 264; — sur les rives du Tarn, analogue à celles du Tarn, du Gard et de l'Hérault, *Aveyron*, II, 47; — dans les arrondissements de Villefranche, Rodez et Espalion; mode de plantation; provignage considérable renouvelant la vigne en 12 à 15 ans, II, 48-50; — dans les *Bouches-du-Rhône*, jouelles ou hautains généralement; à Arles et Tarascon, sans cultures intercalaires, I, 184-187, 191; — à Massiac, semblable à celle de Brioude, en treille contre les faces de rochers, aux expositions Est, Sud et Ouest, *Cantal*, II, 115-116; — trois systèmes dans la *Charente*, II, 454-457; — dans tout l'Aunis, la vigne est tenue, par la taille, aussi près que possible de terre, presque sous terre; les raisins

y coulent, y brûlent, y pourrissent beaucoup, *Charente-Inférieure*, II, 474-476; — palissée dans le Blayais, au long de la Gironde, affectée de la coulure et de l'oïdium, par suite du défaut d'épamprage; belle santé d'une vigne épamprée, à Saint-Sorlin; emploi de l'arçon (verge), II, 482-484; — dans le Sancerrois, *Cher*, III, 188-191; — à Vierzon, avec verge recourbée, *Cher*, III, 191-195; — à Saint-Amand, *Cher*, à verge et à deux échalas, III, 195-196; — au Châtelet, III, 198-199; — à Bourges, III, 199-203; — dans le canton d'Argentat, *Corrèze*, II, 122-125; — de M. le baron de Lauthonny, II, 125; — à Brives, II, 133-134; — à Meyssac, II, 135-137; — à Bastia, *Corse*, I, 119-126; — à Vescovato, Cervione, Pietra et Moita, à un, deux ou trois bras, à courson à un ou deux yeux, I, 127-129; — à Corte, I, 137; — à Ajaccio, I, 142-148; — d'une ancienne vigne reconstituée à branche à fruit et à branche à bois donne souvent, la première année de dressement, un vin vert et très-léger, I, 134; — des pineaux, dans la *Côte-d'Or*, entretenus par des provignages annuels du quinzième du vignoble placés dans des fosses, III, 63; — « en « foule transformée en vigne type aligné, chez M. le comte de la Loyère, « à Savigny, *Côte-d'Or*, passant d'un « rendement de 12 à 40 hectolitres, la « maturité et le degré gleucométrique « en tout les mêmes, » III, 68-70; — de gamays, dans la *Côte-d'Or*, III, 78-81; — dans l'arrondissement de Semur; plaines et plateaux, surtout granitiques, en gamays à grains ronds,

«tue devrait être conduit à grande al-
«lure, en cordons ou en treilles, à courte
«et à longue taille; on pourrait ainsi
«classer la vigueur et la fécondité de
«chaque cépage, de même que ses con-
«venances ou disconvenances à l'égard
«du sol,» II, 613; — dans l'arrondissement d'Angers, II, 617-618; —
chez M. André Leroy, en palissades,
en éventail ou en cordon bilatéral;
avantages qui en résultent, II, 622-
624; — en Saumurois, provignage
à un vingt-sixième, I, 624; —
«différences entre les vignes à taille
«restreinte ou à taille généreuse, qui
«mène les vignes vigoureuses au delà
«de 150 ans,» II, 624-627; — «avec
«les cépages qui donnent volontiers
«et abondamment de grosses grappes à
«grains très-juteux sur coursons, les
«chasselas, les gamays, les grenaches,
«les aramons, le pineau de la Loire,
«etc., il vaut mieux chercher l'abon-
«dance des fruits et la force du végétal
«dans le nombre des bras qu'en multi-
«pliant les yeux par des verges et
«branches à fruit, dont, au contraire,
«d'autres cépages s'accommodent ex-
«clusivement, comme les carbenets sau-
«vignon ou breton, les noiriens,» etc.
II, 628-629; — chaque vignoble ne
devant admettre qu'un ou deux cépages, rien n'est plus facile que d'é-
tablir la conduite qui convient à chacun, II, 629; — la flèche, appliquée
au carbenet sauvignon donne des vins
fins, tandis qu'avec le pineau de la
Loire elle produit des vins communs,
II, 631; — effet de la flèche dans
l'Aude, II, 631; — en haies ou treilles
sur la rive droite de la Loire, II, 631-
632; — dans son jeune âge sur
la rive gauche de la Loire, II, 632-

635; — dans la *Marne*, n'aboutit
qu'à former une treille souterraine
au moyen de provignages, III, 392-
401; — des communes de Saint-
Thierry, Hautvillers, Châlons, Saint-
Dizier, Vitry-le-François, etc. III,
408-409; — «à coursons, la vigne
«ne vit que 20 à 25 ans, tandis qu'à
«pleyons (verge, taille longue) elle
«reste fertile jusqu'à 60 à 80 ans et est
«moins sujette à la gelée,» III, 411; —
à la méthode type du docteur J. Guyot:
boutures, plantation, dressement sur
fil de fer, abris de paillassons, etc.,
III, 414-428; — dans la *Haute-
Marne*, III, 363-370; — à Thiaucourt, *Meurthe*, III, 308-311; —
à Toul, III, 318-321; — à Toul,
avec un palis en fil de fer pour deux
rangs, III, 321-322; — suivant la
méthode Trouillet, mais avec suppression de la tige, devient exactement
celle du Beaujolais, mûrit mieux ses
raisins par le rapprochement du sol,
sans y laisser toucher le raisin; et est
suivie dans l'arrondissement de Bar-
le-Duc; exempte du brûlis, *Meuse*,
III, 349-350; — à Varennes, III,
352-354; — dans le *Morbihan*, III,
574-579; — dans la *Moselle*, III,
328-331; — en cuveau, végète
plus de cent ans, sans provignage et
donne 100 hectolitres à l'hectare; elle
donne plus de bois pour boutures et
chevelées, III, 332-334; — sur palissades en fil de fer; travaux de M. Collignon d'Ancy, depuis 30 ans; III,
336-337; — à la Trouillet, moins es-
sayée que dans la Meurthe; essais sa-
tisfaisants à la quatrième et cinquième
année, III, 338; — absolument semblable à celle des Vosges, de la Meurthe et de la Moselle, III, 342; —

est à peu près uniforme en lignes de deux rangs, *Nièvre;* III, 169-173; — en lyre à Riousse, avec deux coursons et deux courgées recourbées vers le bas et deux échalas, III, 174-175; — à Pouilly, en candélabres de trois à sept bras, pourvus chacun d'un échalas; plus la vigne a de bras et plus elle a de fécondité et de longévité; 30 à 40 hectolitres, à trois bras; 60 à 80, à six bras, III, 177-179; — en vallées et montagnes à Beauvais, Clermont et Dreux, *Oise,* III, 486-490; — sur arbres ou branches de haute futaie, pour compléter ce qui est indispensable à l'alimentation sans avoir rien à débourser; employée souvent pour clôture de jardin; le système Marcon serait préférable, III, 490-496; — la branche à bois (coutet) et la branche à fruit (arquet) existent de temps immémorial dans le *Puy-de-Dôme,* II, 158; — dans le *Puy-de-Dôme,* II, 168-183; — sur souche basse à deux et trois bras et à crochets à un et deux yeux, vers la limite des landes, *Basses-Pyrénées,* I, 342; — hautes à Jurançon et au Vicbille, sur poteaux et sur poteaux avec lianes, I, 348; — en espalier, I, 349; — plus productive qu'en hautain et donne un litre par cep, I, 350; — avec un archet replié en cercle à Orthez, I, 351; — 1° mariée aux arbres, près Tarbes, canton de Vic, à Maubourguet, vins peu estimés; 2° en hautains et en espaliers; coteaux de Madiran, de Peyriguère, préférables aux arbres pour l'économie et l'excellence des vins; éloignées de terre pour les soustraire aux gelées et accroître leur longévité (plus de 120 ans), mais

l'oïdium ne les ménage pas; 3° basses sur souches en lignes et sans échalas ni palissage, *Hautes-Pyrénées,* I, 330-336; — des vignes basses, I, 338-340; — sans aucun principe, avec échalas disproportionnément grands, à Avolsheim, *Bas-Rhin,* III, 270-271; — en kammerbau; la vigne exploitée en septembre pour le fourrage qu'elle procure et les herbes, betteraves, choux et légumes que l'on cultive dans les chambres, III, 276-277; — suivant la méthode type par M. Schattennemann, présentant une grande économie d'établissement sur celui en kammerbau, III, 280-282; — et perfectionnement à introduire dans le *Haut-Rhin,* III, 167-168; — «en «quenouille, avec grand échalas; plus «le développement des courbes est con-«sidérable, plus la vigne est vigoureuse «et fructifère; le bourgeon le plus riche «est toujours le plus éloigné; la tête «tenue de 80 centimètres à 1 mètre de «hauteur, en plaine, et à 60 centi-«mètres en coteau,» III, 252-266; — en traverses ou perchettes à Thann, III, 264-265; — «en quenouille, «une des plus belles, devrait être intro-«duite dans le centre et le midi de la «France,» III, 265; — en Beaujolais, *Rhône,* III, 3-5; — dans les côtes du Rhône avec branche à fruit, branche à bois, III, 6-9; — à Vesoul en lignes basses, à perches, à carassons, à branche à bois, à branche à fruit, *Haute-Saône,* II, 424-426; — des gamays, des pineaux noirs, des pineaux blancs, suivant la méthode beaujolaise, excellente, *Saône-et-Loire,* III, 30-34; — suivant la méthode mâconnaise, III, 34-39; — suivant la méthode chalonnaise, III, 39-41;

— des pineaux, III, 41-44; — des pineaux blancs ou chardenets, à Pouilly, III, 44-48; — en hautains pour les vignes blanches, les rangs à deux mètres ou en jouelles; vins moins bons que sur vignes basses, *Saône-et-Loire*, III, 48-50; — au Mans, *Sarthe*, III, 547-548; — à Saint-Calais, III, 548-549; — à la Flèche, III, 549-551; — sur les murgiers (amas de pierres), en *Savoie*, II, 281; — dressée sans verges, en cordons bas, avec verges, avec échalas, à trois et quatre bras, en jouelles, en espaliers avec intercalations d'arbres morts ou vivants, sur arbres de vergers avec ou sans guirlande de l'un à l'autre, en treille en sortie, II, 280-288; — en crosse, arrondissement d'Évian, *Haute-Savoie*, II, 300; — ce que coûte l'arbre mort qui y est employé, II, 301-303; — sur les branches de l'arbre, à Évian, II, 314-318; — basse, ses tailles et sa culture, II, 319-322; — sur les bords du lac de Genève et du Rhône, II, 331-332; — méthode suisse, II, 333-335; — à Annecy, II, 334-336; — à Bonneville, II, 337-338; — à Saint-Julien, II, 338-339; — à Thonon, II, 340-341; — de gamay et de meslier, dans la *Seine*, III, 513-514; — dans l'arrondissement de Melun, *Seine-et-Marne*, III, 466-469; — dans l'arrondissement de Provins, III, 469-472; — dans l'arrondissement de Fontainebleau, III, 472-475; — dans l'arrondissement de Coulommiers, III, 475-476; — dans l'arrondissement de Meaux, III, 476-478; — 1° dite basse, avec échalas de 1^m,20; 2° dite haute, avec échalas de 1^m,50, III, 484-490; — à Mantes, *Seine-et-Oise*, III, 498-499; — à Étampes, III, 499-500; — à Corbeil, III, 500-501; — à Rambouillet, III, 501-502; — à Montmorency et à Deuil, III, 503; — à Meudon, III, 505-508; — à Argenteuil, III, 508-510; — dans les *Deux-Sèvres*, suivant deux méthodes opposées : l'une dans les arrondissements de Niort et de Melle, et l'autre dans le reste du département, II, 518-519; — à Niort et à Fontenay, la jeune vigne n'est taillée qu'à la troisième ou quatrième année, en la rasant intégralement au-dessus du nœud le plus près de terre; puis après, on laisse deux, trois et quatre bras; on ne fait aucune taille verte, qui cependant double la récolte et fournit 25 rations de fourrage vert au bétail, II, 521-524; — rasement intégral des pousses à la troisième année, funeste à la vigne, à Thouars, Argenton et Airvault, *Deux-Sèvres*, II, 528; — « en taillant dès la première année, « on a pu, à 30 mois (troisième végéta-« tion), récolter plus de 64 hectolitres « sur 66 ares, » II, 528; — dans le nord des Deux-Sèvres, on forme deux bras à chaque cep : l'un comme branche à bois et l'autre comme branche à fruit ou verge, et cette dernière, laissée libre jusqu'après les gelées printanières, est courbée et fichée en terre dans le billon voisin ou attachée en archet au cep, II, 528-530; — dans le *Tarn*, II, 7-8; — dans *Tarn-et-Garonne*, I, 389; — en jouelles, I, 390; — à chasselas, à Montauban, sont palissées ou échalassées, ou sans soutien; comparer les produits, I, 391; — en jouelles, dans le *Var*, I, 66-68, 77; — en plaine et en gradins

avec oliviers et cultures intercalaires, dans le *Var*, I, 76-77; — libre et isolée, dans le *Var*, I, 77-78; — libre et isolée, dans le *Var*, I, 86; — *Vaucluse*, 206-207; — conseils à suivre, I, 214; — avec gaule, dans la *Vendée*, II, 507-509; — dans la *Vendée*, près de la mer, dans une cuvette creusée dans le sable, et par carrés de 2 à 4 ares entourés de chaussées de sable de 1ᵐ,50 de hauteur, pour les protéger contre les vents de mer, II, 509-510; — nulle; dans les deux ou trois premières années, on y laisse la vigne à tous crins, puis on la rase soit au-dessus de terre à 10 centimètres, soit à une forte profondeur au-dessous, ce qui est déplorable, *Vienne*, II, 545; — dans l'arrondissement de Poitiers; sa critique et son redressement, II, 546-550; — «à Châtellerault, de «franc pied, et à Loudun, où l'on ploie «avec raison avant la végétation,» II, 551-554; — dans la *Haute-Vienne*, II, 147-151; — à Bellac, II, 152-154; — contraste entre celle de l'Alsace et celle de la Lorraine; grande arborescence dans la première, depuis 40 yeux environ jusqu'à trois fois autant par cep, sur 1 à 3 mètres de superficie; dans la seconde, quatre ceps dans 1 mètre carré, réduits chacun de deux à quatre yeux, *Vosges*, III, 285-286, 288; — en fins cépages, dans l'*Yonne*, III, 128-129; — doit être réglée par les besoins spéciaux à ce végétal, et non par les coutumes plus ou moins raisonnées ou déraisonnables, bizarres, que lui infligent plus ou moins les vignerons de chaque localité, III, 130-131; — à Auxerre, *Yonne*, III, 131-135; — à Coulanges, III, 135-138; — à Chablis, III, 139-143; — à Joigny, III, 143-147; — à Tonnerre, III, 147-150.

Conseils aux vignerons de l'arrondissement de Tournon, *Ardèche*, II, 95; — donnés et suivis de succès constatés, *Ariége*, I, 312; — aux viticulteurs de Bar-sur-Aube, *Aube*, III, 99; — aux viticulteurs de l'*Aveyron*, II, 53-54; — pour la vinification, II, 54-56; — aux viticulteurs des grands vins de la *Côte-d'Or*, III, 72; — aux viticulteurs de la *Haute-Garonne*, I, 327; — aux viticulteurs du *Gers*, I, 375-377; — aux viticulteurs de l'*Hérault*, I, 254-256; — aux viticulteurs de l'*Indre*, II, 574-576; — «en général, à côté de chaque «vigne, un cep de chaque variété qui la «compose devrait être conduit à grande «allure, cordons ou treilles, à longue «taille, et un autre à courte taille,» *Maine-et-Loire*, II, 612-613; — aux viticulteurs de la *Meurthe*, III, 305-307; — aux viticulteurs des *Pyrénées-Orientales*, I, 282-283, 284-285; — aux viticulteurs de *Tarn-et-Garonne*, I, 392-395.

Cottis, maladie dans la *Charente-Inférieure*, tue le cep en un ou deux ans; remède appliqué avec succès, II, 499.

Couchage général des arbrisseaux à fruits et à fleurs, à l'exception de la vigne, dans les environs de Grasse, *Alpes-Maritimes*, I, 26-27.

Coulure: redoutable dans le canton de Brives, *Corrèze*, II, 135; — ses ravages, qu'on peut atténuer par les pincements et les rognages, au Puy, *Haute-Loire*, II, 103; — empêchée par l'incision annulaire, *Puy-de-Dôme*, II, 194; — l'humidité fait couler le teret et l'aramon dans le *Tarn*, II, 3.

CRAU (LA), plaine de 20,000 hectares, sa végétation, *Bouches-du-Rhône*, I, 193-201.

CRÉTINISME, chassé par l'usage du vin, *Savoie*, II, 297-298.

CROSSE D'ÉVIAN, *Haute-Savoie*, II, 302, 315-318; — leur raccommodage, II, 323-324; — sa conduite mise en comparaison avec la méthode Cazenave simple ou modifiée, II, 324-330.

CULTURE : au nombre de trois dans l'*Aisne*, III, 440; — au nombre de deux à quatre dans l'*Allier*, III, 165; — dominante de Grasse, *Alpes-Maritimes*, I, 25-26; — de l'arrondissement de Nice; causes de leur infériorité, I, 39-41; — dans l'arrondissement de Tournon, *Ardèche*, II, 96; — en mars et fin mai, dans l'*Ariége*, I, 308; — de la vigne ne doit avoir lieu que pendant le sommeil de la végétation, I, 320; — à la main et à la houe, à Limoux, *Aude*, I, 263; — deux dans l'*Aveyron*, trop profondes, II, 52; — à la main ou à la charrue; on en donne trois : en mars, juin et août, *Charente-Inférieure*, II, 487-488; — au nombre de trois dans le Sancerrois, *Cher*, III, 190; — de la vigne à Ajaccio; causes de l'infériorité relative de sa production, qui rendent sa plantation onéreuse, *Corse*, I, 142-152; — «ne doit jamais être pro-«fonde ni descendre à plus de 10 centi-«mètres,» I, 165; — en mars, mai, juin ou juillet, quelquefois à la veraison et en novembre, au clos Vougeot, ce qui est une excellente pratique, *Côte-d'Or*, II, 72-73; — dans la *Dordogne*, I, 546-547; — au nombre de trois aux environs de Besançon, qui sont fort chères, *Doubs*, II, 407-408; — à la charrue, trop près et trop profonde en terre; enfouit les ceps, à Montélimart, *Drôme*, II, 242; — deux à six, dont deux à la charrue, dans le *Gard*; à la main, sur les côtes accidentées du Rhône, I, 222; — «à «plat des vignes, dans une terre qui «n'a que 10 centimètres au-dessus du «rocher, démontre par leur santé et «leur longévité que cette couche super-«ficielle leur permet d'absorber à leur «profit tout ce que l'atmosphère peut «leur céder; exemple : Banyuls, Port-«Vendres, Collioure, le Lot,» etc., I, 320; — à l'araire romain perfectionné, à deux limons et à une seule bête de trait, peut biner une largeur de 70 à 80 centimètres, *Hérault*, I, 243-245; — son prix, comparé au travail à la main, I, 245; — «une culture vaut un «arrosement; quatre labours augmen-«tent la récolte de plus d'un tiers, en «moyenne,» I, 245; — dans *Indre-et-Loire*, au nombre de trois, II, 664; — nombreuses chez M. le marquis de Quinemont; à la charrue, quatre, et à la main, trois, II, 678-679; — presque toute à bras, dans le *Jura*, la vigne y étant généralement en coteaux trop rapides pour admettre la charrue, II, 371; — au nombre de cinq dans *Loir-et-Cher*, assez généralement; réduites à quatre et même à trois à Saint-Aignan, II, 699-700; — dans *Maine-et-Loire*, II, 635-636; — au nombre de trois, *Haute-Marne*, III, 370-371; — au nombre de quatre, en mars, mai, juillet et fin août, *Meuse*, III, 347; — «donnée, dans le «*Puy-de-Dôme*, après la vendange et «avant la taille et l'échalassage; donnée «avant décembre, excellente pour hi-«verner le sol et diminuer les mauvaises

« herbes, réussit admirablement à Ar-
« genteuil, près Paris, » II, 182-183 ;
— et façon dans les *Basses-Pyrénées*,
I, 348 ; — de la vigne dans les *Hautes-
Pyrénées*, I, 343 ; — à l'araire romain
à brancard du docteur Passama, I,
278 ; — à là charrue, deux fois par
an, à Collioure, Port-Vendres et Banyuls, I, 278 ; — au nombre de trois,
en mai, juin et fin août, dans le *Haut-
Rhin*, III, 263 ; — les bras manquent
absolument pour donner les cultures
nécessaires, surtout celles d'été, à
Champlitte ; les cultures d'hiver, au
contraire, à en juger par les provignages à outrance en fosses profondes,
prouvent que dans cette saison les bras
sont disponibles, *Haute-Saône*, II, 416-
417 ; — économie de main-d'œuvre
qu'apporte le travail exécuté par les
animaux de trait, II, 417-418 ; —
on en donne trois, et même quatre, à
Champlitte ; un premier labour accompagné de la taille exige une journée
d'ouvrier pour 4 ares 5 centiares, II,
419 ; — au nombre de trois, dans
Saône-et-Loire, en mars, mai, juin ou
juillet, III, 51 ; — au nombre de
deux, *Sarthe*, III, 554 ; — réduites
à deux, trois ou quatre binages superficiels ; sont tous extrêmement profita-
bles, *Savoie*, II, 288-289 ; — « très-
« superficielles et très-répétées (sept au
« moins, à 2 centimètres de profondeur),
« avec une simple ratissoire ; la terre
« remuée en cours de végétation perd
« une grande partie de sa fécondité ;
« effet vérifié pendant 9 ans à Argen-
« teuil, par le docteur J. Guyot lui-
« même, » *Seine-et-Oise*, III, 509-
510 ; — dans le *Tarn*, II, 11 ; — très-
négligée, à Moissac, *Tarn-et-Garonne* ;
on y laisse croître les mauvaises herbes,

qui apportent leur ombre et leur hu-
« midité, I, 394 ; — « exceptionnelles
« de *Tarn-et-Garonne* ; M. Laforgue, à
« Bressol, bien qu'il pratique générale-
« ment les mauvaises coutumes locales,
« obtient cependant une récolte triple de
« ses voisins ; pourquoi ? 1° Il conserve
« le double et souvent le triple d'yeux à
« ses tailles, et en employant ainsi toute
« la force de la végétation par une taille
« généreuse, les souches ne sont pas
« crevées dans leur peau par les gour-
« mands ; 2° il fait arracher impitoya-
« blement toutes les souches stériles, »
I, 397-401 ; — exceptionnelles de
Tarn-et-Garonne ; Mme veuve Renaud ; son fermier plante moins pro-
fondément (28 centimètres), et par
suite récolte dès la troisième année de
quoi payer le travail, et par sa taille
plus généreuse obtient une récolte
double de celle des voisins, I, 401 ;
— M. d'Eyral fils transforme son vignoble suivant la méthode médocaine ;
ses conditions de culture avec ses métayers ; réflexions à ce sujet ; introduction de meilleurs cépages, etc., 401-
407 ; — exceptionnelles dans *Tarn-
et-Garonne* ; M. Lamothe, ses celliers
et ses cuves, I, 407-408 ; — M. Carrère-Dupin, à Castelsarrazin, produit le plus par hectare ; taille généreuse à 2 astes et à 4 et 5 coursons et
astes tendues ; taille verte nulle, I,
408-409 ; — M. Bergis ; le pour et
le contre ; conseils, I, 409-414 ; —
M. Gustave Garrisson, à Beausoleil,
I, 415 ; — de la vigne rencontre beaucoup de situations excellentes et doit,
à l'aide de ses débouchés, s'étendre
dans la *Haute-Savoie*, II, 341-342 ;
— dans le *Var*, I, 91 ; — dans le *Vaucluse*, I, 203-204 ; — à la bêche

ou à la pioche, deux façons; à l'araire, quatre façons, I, 207; — on en donne généralement quatre; leur description, *Vendée*, II, 512-513; — deux et quelquefois trois; ce qu'elles devraient être: 1° après la taille; 2° fin mai; 3° fin juin; 4° fin juillet ou août, s'il n'y a pas d'herbe en juillet; un raclage en novembre est une excellente chose, *Vienne*, II, 555-556; — au nombre de quatre, à Auxerre, *Yonne*, à la pioche, ruellage et déruellage, III, 133-134.

Cuvage : dure quelquefois 15 jours dans le bas Bugey; son vin ne peut attendre que 2 à 3 ans pour être consommé, mais celui du haut Bugey, qui ne cuve que 3 à 5 jours, gagne en vieillissant plus de saveur et de bouquet, *Ain*, II, 352; — «sa durée, réduite de trois semaines à 5 ou «10 jours, fait que le vin ne se pique «que très-rarement à Jujurieux,» *Ain*, II, 354; — à Montluel, 4 à 5 jours pour le gamay, et 6 à 8 jours pour le gros plant (mondeuse), II, 365; — dans les *Basses-Alpes*, I, 57; — à la Gaude, *Alpes-Maritimes*, I, 30; — à Nice, I, 49-50; — chez MM. Portal de Moux et Sicre, *Aude*, I, 269; — dans les *Bouches-du-Rhône*, I, 192; — à Bastia, *Corse*, I, 126; — préceptes, I, 172-173; — dans la *Dordogne*, I, 531-532; — pendant 15 jours à 1 mois, à l'Hermitage, *Drôme*, II, 236; — à Montélimart, *Drôme*, II, 243; — le moins long donne le meilleur vin, *Gard*, I, 223; — dans la *Haute-Garonne*, I, 322; — dure 4 à 5 jours dans le Médoc, 8 à 15 jours dans les palus, *Gironde*, I, 456; — dure 4 à 8 jours à Saint-Émilion, suivant l'année, I,

502; — trop prolongé, dans l'*Hérault*, I, 252; — singulier à la côte Saint-André, à Bourgoin, *Isère*, et à Annecy, II, 270-271; — par divers procédés, dans le *Jura*, II, 388-389; — prolongé dans une atmosphère de 10 à 12 degrés seulement, refroidit la fermentation et ne donne que des vins peu colorés et alcooliques, quoique provenant de jus très-riches en sucre, II, 389; — en *Loir-et-Cher*, II, 702-703; — avec claire-voie pour maintenir le chapeau sous le jus, à Brioude, *Haute-Loire*, II, 109; — avec pellicules bouillies pour faire le vin noir pour couleur, dans le *Lot*, II, 33-34; — à Thiaucourt avec châssis à claire-voie sur le marc; vin de pelle, *Meurthe*, III, 313-314; — dans les *Basses-Pyrénées*, I, 353; — dans les *Pyrénées-Orientales*, I, 279-280; — effets comparatifs de sa durée sur la qualité des vins de même vigne, de mêmes cépages et de même année, *Savoie*, II, 293; — singulier à Annecy, *Haute-Savoie*, II, 336; — avec raisins chauffés au soleil et foulés, *Tarn*, II, 15; — en partie sur de bons principes, mais trop prolongé, ce qui empêche d'ajouter le vin de presse au vin de cuve, et cela au détriment de la qualité, II, 15-16; — «quand le cuvage est «trop prolongé, le meilleur parti à tirer «du marc est d'en faire de la piquette; «mais il est préférable de réduire le «cuvage à huit jours au plus et de «presser : les jus qui en proviennent, «mélangés à ceux de la cuve, four- «nissent à ceux-ci des substances essen- «tielles à leur qualité et à leur soli- «dité,» *Tarn-et-Garonne*, I, 395; — dans le *Var*, I, 92-93; — à Joigny, dure 12 à 24 heures pour les vins fins,

et 12 à 15 jours pour les vins communs, à Villeneuve, *Yonne*, III, 145.

Cuves en ciment, *Basses-Alpes*, I, 57; — en mélèze, donnent au vin un petit goût de résine qui disparaît au bout de deux ans au plus; ces cuves durent des centaines d'années, *Hautes-Alpes*, II, 216-217; — de débourbage ou de levage, à Monbazillac et dans la Champagne; phénomène qui s'y ac-

complit, *Dordogne*, I, 530; — en briques ou cailloux et briques vernissées les cuves en bois donnent un vin un peu plus coloré et corsé, *Gard*, I, 224-225; — leur capacité et les mauvaises conditions atmosphériques de leur logement, *Hérault*, I, 252; — en maçonnerie très-employées à Saint-Marc, *Indre-et-Loire*, II, 665; — de M. Lamothe, *Tarn-et-Garonne*, I, 407-408.

D

Déchaussement avant la taille; à la fin de mai, on abat les mottes et l'on remet les vignes à plat dans la *Charente*, II, 457; — *Haute-Garonne*, II, 318-319; — du cep pendant ses premières années excellent, force les racines à s'enfoncer en dehors de toute atteinte des cultures ultérieures, maintient la netteté du tronc, la régularité et la symétrie des bras qui provoque une symétrie correspondante dans les racines, de manière à en former autant de ceps à part, *Hérault*, I, 240-241; — au moyen d'un véritable fossé, des plus préjudiciables, à Riousse, *Nièvre*, III, 175-176.

Défoncement : reconnu comme plutôt nuisible dans l'*Aisne*, III, 433; — de 1 mètre à 1ᵐ,20 dans les *Hautes-Alpes*, II, 217; — à la charrue Dombasle suivie de la fouilleuse Bodin chez M. Portal de Moux près Carcassonne, *Aude*, I, 264; — à trois paires de bœufs à Santerne, *Gironde*, I, 437; — son utilité niée; vignes sur défoncement disparues au bout de 12 ans, tandis que d'autres, contemporaines et sans défoncement, étaient vigoureuses, *Hérault*, I, 240; — (vignes plantées

sur) donnent le double de récolte à Mugron, *Landes*, I, 365; — «nuisible «dans les sols secs, brûlants et sans «fond humide; excellent, au contraire, «quand le sol est froid, humide, com- «pacte et imperméable,» *Lot*, II, 32; — donne des vignes reconnues peu durables dans le Chalonnais, *Saône-et-Loire*, III, 39-40; — «presque tou- «jours et partout provoque, pendant les «premières années de plantation, un «luxe de bois qu'accompagne la stéri- «lité, puis cette végétation luxuriante «diminue, le raisin paraît, mais le bois «décroît rapidement, et la vigne est «promptement usée,» *Tarn*, II, 7; — «de terrains maigres plus nuisible «qu'utile dans *Vaucluse*,» I, 209.

Degrés «gleucométriques comparés des «raisins de branche à fruit et de ceux «cueillis sur les coursons;» égalité, *Aude*, I, 270; — atteints successivement par les vins de l'*Hérault*, I, 247-248.

Départements : de l'Ain, II, 343-368; — de l'Aisne, III, 431-452; — de l'Allier, III, 153; — des Basses-Alpes, I, 53-59; — des Hautes-Alpes, II, 209-224; — des Alpes-

Maritimes, I, 23-52; — de l'Ardèche, II, 73-98; — des Ardennes, III, 375-384; — de l'Ariége, I, 301-312; — de l'Aube, III, 93-120; — de l'Aude, I, 257-270; — de l'Aveyron, II, 43-66; — des Bouches-du-Rhône, I, 179-202; — du Cantal, II, 115-118; — de la Charente, II, 439-468; — de la Charente-Inférieure, II, 469-500; — du Cher, III, 183-204; — de la Corrèze, II, 119-138; — de la Corse, I, 97-178; — de la Côte-d'Or, III, 57-92; — de la Dordogne, I, 507-578; — du Doubs, II, 393-414; — de la Drôme, II, 225-244; — de l'Eure, III, 537-544; d'Eure-et-Loir, III, 515-536; — du Gard, I, 205-236; — de la Haute-Garonne, I, 313-327; — du Gers, I, 367-378; — de la Gironde, I, 429-505; — de l'Hérault, I, 237-256; — d'Ille-et-Vilaine, III, 569-572; — de l'Indre, II, 561-586; — d'Indre-et-Loire, II, 643-682; — de l'Isère, II, 245-276; — du Jura, II, 369-392; — des Landes, I, 355-366; — de Loir-et-Cher, II, 683-724; — de la Loire, III, 21-26; — de la Haute-Loire, II, 99-114; — de la Loire-Inférieure, II, 587-606; — du Loiret, III, 205-232; — du Lot, II, 23-42; — de Lot-et-Garonne, I, 419-428; — de la Lozère, II, 67-72; — de Maine-et-Loire, II, 607-642; — de la Marne, III, 385-430; — de la Haute-Marne, III, 355-374; — de la Mayenne, III, 565-568; — de la Meurthe, III, 303-322; — de la Meuse, III, 341-354; — du Morbihan, III, 573-584; — de la Moselle, III, 323-340; — de la Nièvre, III, 169-182; — de l'Oise, III, 479-496; — du Puy-de-Dôme, II, 155-194; — des Basses-Pyrénées, I, 347-354; — des Hautes-Pyrénées, I, 329-346; — des Pyrénées-Orientales, I, 271-286; du Bas-Rhin, III, 269-284; — du Haut-Rhin, III, 243-268; — du Rhône, III, 1-20; — de la Haute-Saône, II, 415-430; — de Saône-et-Loire, III, 27-56; — de la Sarthe, III, 545-564; — de la Savoie, II, 277-298; — de la Haute-Savoie, II, 299-342; — de la Seine, III, 504-514; — de Seine-et-Marne, III, 465-478; — de Seine-et-Oise, III, 497-510; — des Deux-Sèvres, II, 517-538; — du Tarn, II, 1-22; — de Tarn-et-Garonne, I, 379-418; — du Var, I, 61-96; — de Vaucluse, I, 203-214; — de la Vendée, II, 501-516; — de la Vienne, II, 539-560; — de la Haute-Vienne, II, 139-154; — des Vosges, III, 285-302; — de l'Yonne, III, 121-152.

Dessèchement et assainissement en *Corse*, I, 101-102.

Distillation : préparation des moûts qui y sont destinés, dans la *Charente* : emploi du gleucomètre; addition d'eau au moût, II, 460-467; — à quel degré doit-on préparer les eaux-de-vie? Appareil du docteur Chambardel; emploi de l'alcoolomètre de Gay-Lussac, *Charente-Inférieure*, II, 493-496; — des marcs, l'hiver, pour en faire de l'eau-de-vie, à Toul, *Meurthe*, III, 321.

Domaine : moins il est étendu et plus il rapporte relativement, *Vendée*, II, 514.

Double (La); ce qu'elle est; la vigne y prospère; souches séculaires, *Dor-*

dogne, I, 570-572, 575 ; — exploitation de son sous-sol argileux, comme amendement, I, 576 ; — projet pour son peuplement, I, 572-574.

E

Eau : « sa marche et son rôle dans la végé-« tation, expériences de M. Duchartre, » *Sarthe*, III, 555-557.

Eau-de-vie : « garanties nécessaires à sa « pureté et à son commerce, qui est une « des sources importantes de la richesse « de la France, » *Charente*, II, 439-441 ; — détails sur sa fabrication, dans la Charente, ancienne et moderne, II, 461, 467. — *Eau-de-vie d'Armagnac*, la meilleure de France après celle des Charentes, produite par la folle-blanche et ses variétés ; la première qualité provient des sables siliceux ; la deuxième, des argiles ; la troisième, des calcaires ; cependant, les cognacs première qualité viennent dans le calcaire pur. Ce serait donc l'influence du climat qui prédominerait : plus les vins sont alcooliques, moins les eaux-de-vie sont délicates, *Gers*, I, 372-373.

Ébourgeonnage : « celui qui ne sent pas « sa valeur et qui ne l'exécute pas, en « quelque pays que ce soit, sur telle « taille et conduite que ce soit, ne « sera jamais ni viticulteur, ni vigne-« ron, » *Var*, I, 85.

Échalas : leur application a doublé la récolte des vignes rangées à Creuzier-le-Vieux, chez M. Lafond, et aux Pérelles, chez M. Sadourny, *Allier*, III, 156-157 ; — toujours employés dans l'arrondissement de Tournon, de 1ᵐ,66 à 2 mètres, en acacia, châtaignier ou chêne, aiguisés des deux bouts, *Ardèche*, II, 91 ; — instrument pour les enfoncer ; *Aube*, III, 99-100 ; —
leur dépense et leur durée en *Corse*, I, 163-164 ; — leur dépense peut être une bonne spéculation, *Dordogne*, I, 533-534 ; — font souvent défaut dans la Dordogne ; on y supplée en relevant les pampres et en les liant seuls ou accolés par deux en arcades ou par trois en faisceau, I, 545-546 ; — leur absence dans les cultures du *Gard*, I, 221 ; — leur absence dans les cultures de l'*Hérault*, I, 245 ; — attachés par quatre pour la plantation ; nouvelles dispositions suivant la conduite ultérieure de la vigne, *Puy-de-Dôme*, II, 169-174 ; — avantages de leur grande hauteur, *Basses-Pyrénées*, I, 350 ; — leur absence dans les *Pyrénées-Orientales*, I, 278 ; — dans le *Bas-Rhin*, III, 272 ; — grande dépense qu'ils occasionnent en raison de leur longueur disproportionnée, *Haut-Rhin*, III, 262 ; — en pyramide à trois souches solidement fixées au sommet et à la base pour résister à la violence des vents de la vallée du *Rhône*, III, 8 ; — *point d'échalas, point de raisin*, dicton des vignobles de Gy, *Haute-Saône*, II, 421 ; — conservé au pineau blanc jusqu'à l'âge de quinze à seize ans dans *Saône-et-Loire*, III, 47.

École des sourds-muets du frère Louis, *Loire-Inférieure*, II, 589-590.

Écrivain (Eumolpe) : fait des ravages considérables dans les vignes du Tonnerrois et à Chablis ; mode de destruction, *Yonne*, III, 151.

Égrappage dans le *Doubs*, II, 466 ; —

« tié par l'addition d'un cinquième de
« raisin blanc dans la cuve, » *Hautes-
Alpes*, II, 216 ; — « rapide et géné-
« reuse des raisins blancs ; extrait plus
« de matière colorante des raisins rouges
« que ceux-ci ne le peuvent faire, » *Alpes-
Maritimes*, I, 32 ; — au-dessous d'une
température de 15 degrés, elle n'a pas
lieu, *Charente-Inférieure*, II, 492 ; —
absence de fermentation et de mousse
si la mise en bouteille a lieu en janvier
ou février ; mais les vins sont mousseux si elle a lieu en mars, *Maine-et-
Loire*, II, 638 ; — « sa rapidité dépend
« de la température, élevée ou non, des
« raisins déposés dans la cuve, suivant
« qu'ils sont cueillis en temps opportun
« pour obtenir la plus forte chaleur pos-
« sible, » *Puy-de-Dôme*, II, 190.

FERTILITÉ de premier ordre du sol des
Alpes-Maritimes, I, 24.

FOSSOYAGE : ses différences avec le provignage, *Aube*, III, 103-105.

FUMURE : tous les dix ans à Moulins, *Allier*, III, 165 ; — de fumier et brous-
sailles pourries, à raison de 20,000 kilogr. par hectare ; dure dix ans dans
les *Hautes-Alpes*, II, 221 ; — avec
des feuilles de pins et de buis, *Ardèche*, II, 89 ; — rare à Limoux ;
fumier, charrée, chiffons de laine,
plâtre ; au pied des souches, *Aude*,
262-263 ; — aucune dans la *Charente*, II, 451 ; — substances employées, *Charente-Inférieure*, II, 489-
490 ; — avec des bruyères mises à
pourrir dans les chemins ou des bran-

ches de châtaigniers coupées, vertes et
liées au mois d'août, à Argentat, *Corrèze*, II, 125 ; — avec colombine ou
terreau, Noailles, II, 134 ; — pour
les provins seulement, *Côte-d'Or*, III,
73 ; — très-rare dans la *Dordogne*, I,
547 ; — avec du buis, *Doubs*, III, 411 ;
— à peu près nulle dans le *Gers*, I, 371 ;
— « mal placée au collet de la vigne ;
« elle doit être enfouie dans un sillon
« profond entre deux rangs, » I, 393 ;
— mal placée au collet de la vigne dans
la *Gironde*, I, 454 ; — dans *Loir-
et-Cher*, II, 700-701 ; — avec des
genets, *Loire-Inférieure*, II, 595 ; —
abondante à Brains avec de la chaux
et de la boue d'étang sur fond de
schiste, II, 600 ; — rare dans *Lot
et-Garonne*, I, 427 ; — tous les 4 à
5 ans à raison de 50,000 à 60,000 kilogrammes par hectare dans la *Moselle*,
III, 331 ; — « appliquée en été est le
« remède le plus certain contre la cou-
« lure et la brûlure, » *Puy-de-Dôme*, II,
186 ; — « en été, avec paillis, évite en
« grande partie la brûlure du raisin, »
Rhône, III, 5 ; — irrégulière dans
Saône-et-Loire, III, 51 ; — très-rare
dans le *Tarn*, III, 11 ; — « en rigoles
« profondes entre les ceps ; c'est la meil-
« leure méthode ; ne sert qu'à la vigne
« et non à engendrer de mauvaises her-
« bes ; la fumure au pied du cep pro-
« voque la sortie au collet d'une foule
« de petites racines nuisibles aux racines
« principales, » *Vendée*, II, 513 ; —
dans la *Vienne*, II, 556.

G

GELÉE : emporte un tiers de la récolte en
vin ; peut être en partie conjurée par
les longs bois de précaution, *Ain*, II,

344 ; — plus les ploies (verges) sont
longues, mieux elles échappent à la
gelée ; les bourgeons latents repoussent

jusqu'à trois fois sous trois gelées successives, *Ardennes*, III, 382.

Gelée printanière attaquant d'autant moins les vignes qu'elles sont tenues plus hautes au-dessus du sol, où d'autre part l'oïdium sévit d'autant plus, *Ariége*, I, 303; — de printemps fréquentes à Brives, *Corrèze*, II, 135; — stérilise la vigne plantée en plaine, alors que les coteaux qui n'y seraient pas aussi sujets sont délaissés, *Eure-et-Loir*, III, 528-529; — on pare à sa principale action en laissant un sarment de précaution, *Haute-Garonne*, I, 327; — printanière ne sévit qu'une année sur quatre dans *Indre-et-Loire*, II, 647. — « Vignes de Poligny et de Salins pré-« servées en grande partie des désastres « de la gelée de printemps par la taille « et la conduite en courgées, c'est-à-dire « à très-longues branches à fruit sim-« ples, doubles et triples, usitée de « temps immémorial dans le *Jura*,» II, 378-380; — on enterre les ceps pour les y soustraire, à Poligny, II, 387; — à Capbreton, *Landes*, I, 361; — ses effets désastreux en grande partie conjurés par la taille longue, *Loire*, III, 25; — « explication de la « préservation que lui opposent les « tailles longues et les sarments de pré-« caution,» *Meurthe*, III, 301-302; — de printemps fait beaucoup de mal, *Basses-Pyrénées*, I, 348; — devient, ainsi que la coulure, redoutable vers les bords de la Saône : on la conjure par la conduite en hautains; même conduite dans les rampes inférieures de Chalon et de Verdun, *Saône-et-Loire*, III, 29; — conjurée en partie par les longs bois à Thouars et Argenton, *Deux-Sèvres*, II, 532; — accidentelle dans le *Tarn*, II, 3.

Gelée, fréquente à Montauban, *Tarn-et-Garonne*, I, 382; — les sous-yeux repoussent encore après la destruction des yeux dans l'arrondissement de Tonnerre, *Yonne*, III, 150.

Géologie : de l'*Ain*, II, 344; — de l'*Aisne*, III, 433; — des *Basses-Alpes*, I, 53-54; — des *Hautes-Alpes*, II, 210; — des *Alpes-Maritimes*, I, 25; — de l'*Ardèche*, II, 97; — de l'*Ariége*, I, 301; — de l'*Aube*, III, 93; — de l'*Aude*, I, 257; — des vignobles de Limoux, I, 260; — de l'*Aveyron*, II, 60; — des *Bouches-du-Rhône*, I, 181; — de la *Charente*, II, 444-445; — de la *Charente-Inférieure*, II, 470; — du *Cher*, III, 184-185; — de la *Corrèze*, II, 120; — de Brives (*Corrèze*), II, 133; — de la *Corse*, I, 105-106; — de la *Côte-d'Or*, III, 59-60; — de la *Dordogne*, I, 526-527; — du *Doubs*, II, 394; — de la *Drôme*, II, 224-225; — du *Gard*, I, 219; — de la *Haute-Garonne*, I, 313-314; — du *Gers*, I, 367-368; — de la *Gironde*, I, 431-432; — de l'arrondissement de Libourne, I, 469; — de l'*Indre*, II, 562-563; — d'*Indre-et-Loire*, II, 647; — de l'*Isère*, II, 246-247; — des *Landes*, I, 355-356; — de la Sologne (*Loir-et-Cher*), II, 685; — de la *Loire*, III, 21; — de la *Loire-Inférieure*, II, 588-589; — des cantons de Martel et de Vayrac, *Lot*, II, 23 et 37; — de *Lot-et-Garonne*, I, 419; — de *Maine-et-Loire*, II, 609-610; — et composition des cendrières de la *Marne*, III, 386-388; — de la *Haute-Marne*, III, 363; — de la *Meurthe*, III, 303-364; — de l'*Oise*, III, 480; — du *Puy-de-Dôme*, II, 160; — des *Basses-Pyrénées*.

GÉOLOGIE des *Hautes-Pyrénées*, I, 329 ; — du *Bas-Rhin*, III, 274 ; — du *Haut-Rhin*, III, 247 ; — du *Rhône*, III, 2 ; — de la *Haute-Saône*, II, 414 ; — de *Saône-et-Loire*, III, 29-30 ; — de la *Sarthe*, III, 546 ; — de la *Savoie*, II, 277-278 ; — de la *Haute-Savoie*, II, 300 ; — de *Seine-et-Marne*, III, 466 ; — des *Deux-Sèvres*, I, 517-518 ; — du *Tarn*, II, 2 ; — de *Tarn-et-Garonne*, I, 381-382 ; — du *Var*, I, 65-66 ; — de *Vaucluse*, I, 205-206 ; — de la *Vendée*, II, 503-504 ; — de la *Vienne*, II, 541-542 ; — d'Auxerre (*Yonne*) III, 131 ; — de Tonnerre, III, 147.

GLEUCOMÈTRE ou pèse-moût ; « son utilité « pour constater la fermentation com- « plète des vins ; pour classer les divers « cépages par richesse en sucre ; pour « fixer l'époque de leur vendange, » *Charente-Inférieure*, II, 490-491 ; — « son emploi en Beaujolais pour déter- « miner la durée de la cuvaison, » *Rhône*, III, 5.

GOURMANDS ; très-nombreux dans la banlieue de Bar-le-Duc, n'y donnant pas de fruits ; ce sont des pineaux, *Meuse*, III, 345 ; — sarment sorti du vieux bois ; la folle-blanche y fournit des fruits, *Vendée*, II, 511.

GRADINS : les murailles n'y sont pas employées pour y appliquer de la vigne, qui ici est traitée sans façon et sans la connaissance de sa conduite, *Ardèche*, II, 76-82 ; — (vigne à), à taille courte, à Pamiers, et à taille longue sur échalas, fil de fer ou lianes, à Foix, *Ariége*, I, 308-309 ; — à Marillac, *Aveyron*, II, 61.

GRAISSE ; « maladie des vins qu'on guérit « maintenant et prévient même aujour- « d'hui par une addition de 15 à 20 « grammes de tannin par hectolitre, » *Marne*, III, 412.

GREFFE en sauterelle chez M. de Saint-Phaille ; la bouture lui est préférable, *Nièvre*, III, 180-181.

GRÊLE : fait peu de ravages dans l'*Ain*, II, 344 ; — et gelées ; leurs zones sont parallèles aux Pyrénées et y restreignent la culture de la vigne, *Ariége*, I, 302 ; — moyen d'atténuer ses ravages, *Aude*, I, 268-269 ; — *Haute-Garonne*, I, 327 ; — fréquente à Capbreton, *Landes*, I, 361 ; — très-rare au Puy, *Haute-Loire*, II, 103 ; — plus rare que la gelée à Pau, *Basses-Pyrénées*, I, 348 ; — fréquente dans le *Tarn*, II, 3 ; — à Montauban, *Tarn-et-Garonne*, I, 382.

GRUE tournante à l'arrière d'une voiture à vendange pour charger les poinçons, inventée par M. Ranz, de Montrichard, *Loir-et-Cher*, II, 721.

I

IMPÔTS : déclaration de M. Barbe, percepteur du canton de Voiteur, constatant que leur recouvrement est des plus faciles dans les communes qui ont des vignes, *Jura*, II, 391.

INCISION ANNULAIRE « chez M. Baltet, pé- « piniériste à Troyes ; instruction sur « son emploi. M. Lambry, son inventeur « en 1776 ; son histoire depuis lors, » *Aube*, III, 117-120 ; — « 1° empêche « la coulure et donne beaucoup de force « aux bois et aux fruits au-dessus d'elle ; « 2° favorise la maturation, rendue plus « précoce, en ajoutant à la beauté et à la

«qualité des graines et des grappes. Pra-
«tiquée en grand dès 1859 par M. de
«Tarrieux, château de Saint-Bonnet»
(*Puy-de-Dôme*), constatée en 1862 et
récompensée à l'exposition universelle
de 1867, II, 194; — son application
à la conduite de la vigne dans l'arrondissement de Poitiers, *Vienne*, II,
550.

Instrument de transport (civière), *Hautes-
Alpes*, II, 221; — de culture, *Charente-Inférieure*, II, 487; — pour
égrapper, *Doubs*, II, 406; — de culture à Montélimart, *Drôme*, II, 242;
— dans le *Gard*, I, 222; — mare et
bident du Médoc, *Gironde*, I, 425-

426; — dans le *Jura*, II, 387; —
pour la dégustation des foudres, II,
389-390; — dans la *Haute-Loire*, II,
108; — dans le *Puy-de-Dôme*, II,
161; — de vendange, *Puy-de-Dôme*,
II, 188-189; — dans les *Pyrénées-
Orientales*, I, 275; — de culture à
Champlitte, *Haute-Saône*, II, 419;
— à Gy, II, 422; — de culture,
Haute-Savoie, II, 321; — de vendange, hotte en bois, II, 322; —
barre en fer ronde, avec pointe d'acier
de 1 mètre de longueur, 4 centimètres
de diamètre et pesant 6 à 8 kilogrammes, pour faire le trou et placer la
bouture, dans les *Deux-Sèvres*, II, 519.

J

Jardin des plantes de Nantes, *Loire-Inférieure*, II, 589; — maraîchers et
vignes de M. Gouin à 20 mètres de
la mer, près Nantes, dans les sables,
II, 593-594; — d'Orléans, deux
carrés y sont consacrés à l'étude de la
viticulture, *Loiret*, III, 231.

Jouelles, à Montilly, dans une prairie
artificielle; comparaison des produits
de la vigne et de la prairie, *Allier*, III,
159-160; — générales, excepté dans
l'arrondissement de Tournon et les
côtes du Rhône, *Ardèche*, II, 74-
75; — leur influence fâcheuse sur la

vigne, *Bouches-du-Rhône*, I, 185-
187; — les céréales comme culture
intercalaire font tort à la vigne, parce
qu'elles atteignent par leur hauteur sa
floraison, et par leur pied ses racines;
les cultures sarclées lui sont également
nuisibles. Si la vigne était élevée en
treille, une partie de ces inconvénients
serait évitée, *Dordogne*, I, 519; — en
treilles hautes et sur noyers à Celles,
arrondissement de Ribérac, I, 520-
522; — à Crest, *Drôme*, II, 239-
240.

L

Labours croisés peu rationnels avec les
charrues à versoirs; le labour longi-
tudinal est le seul admissible dans les
vignes, *Vaucluse*, I, 212-213; —
profonds, perte des vignes, *Bouches-
du-Rhône*, I, 196.

Lumière : «joue un rôle immense dans la
«confection et la perfection des fruits,
«comme elle en joue un non moins
«grand dans la confection et la perfec-
«tion des bois,» *Isère*, II, 258.

M

Main-d'œuvre; sa rareté, cause de dépérissement des vignobles de l'*Aube*, III, 94-95.

Marc distillé pour fabrication des piquettes, puis engrais pour la volaille, le bétail et la vigne, *Aisne*, III, 446; — de raisin, emploi pour la distillation, *Charente*, II, 462-463; — pour fabrication de piquette, *Charente-Inférieure*, II, 496-497; — distillé, nourriture des animaux, *Gard*, I, 224.

Marne; amende la vigne profitablement, *Charente*, II, 458; — employée lors de la plantation, augmente la récolte à Orx et Saint-Martin de Seignaux, *Landes*, I, 365.

Métayage; rôle et revenu qu'y produit la vigne, *Allier*, III, 154; — le vrai et le profitable partage annuel des récoltes entre le propriétaire dirigeant et la famille rurale exécutant, III, 167-168; — composition minimum des terres d'une métairie de cinq personnes, *Basses-Alpes*, II, 211-212; — son influence fâcheuse quand il est mal dirigé, *Bouches-du-Rhône*, I, 187-190; — à Argenton, « composition « d'une métairie; y réussit très-bien et « donne le plus haut produit, » *Indre*, II, 576; — « de la vigne; ce qu'il rap-« porte; rapport de M. Damourette, » II, 585-586; — « rôle important qu'y « joue la vigne dans une métairie de « 3 hectares et 30 centiares, tenue par « trois adultes et huit enfants, » *Haute-Saône*, II, 429-430; — dans la *Haute-Vienne*, II, 143-147.

Mourières de l'*Aveyron*, II, 53.

Moutarde préparée avec la fine farine du *sinapis nigra* et du moût de raisin, *mustum*, dans le *Lot*, II, 35.

Mûriers « maintenus nains par la taille, « décrépits à 15 ans, à plein vent; ana-« logie frappante avec la vigne traitée « de même, » *Corse*, I, 226, 232.

N

Négation et abstention sont assez généralement la doctrine viticole du Sud-Est, *Var*, I, 86-88.

O

Oïdium; le grenache le craint peu, *Basses-Alpes*, I, 54; — frappe plus énergiquement les étages élevés que les étages approchant du sol, *Alpes-Maritimes*, I, 46; — on commence à le combattre dans l'*Ardèche*, II, 91; — fait abandonner les vignes hautes, *Ariége*, I, 303; — dans l'*Aveyron*, II, 50; — cépages qu'il atteint dans la *Charente*, II, 446; — ses ravages attaquent peu la folle dans la *Charente-Inférieure*, II, 497-498; — a écrasé les vignes de Beaulieu; combattu par le soufrage; attaque de préférence les vignes hautes et respecte les basses, surtout si elles sont bien attachées, bien épamprées, bien aérées verticalement; Argentat, Brives, Meyssac ne sont pas atteints

au même degré que Beaulieu, dont les ceps sont plus élevés, *Corrèze*, II, 128-130.

OÏDIUM, combattu par le soufre à prix réduit en 1856, *Corse*, I, 102-103; — atteint fortement les treilles, *Drôme*, II, 239; — dévore les vignes sur arbres, *Haute-Garonne*, I, 326; — sévit bien plus sur les souches élevées et plus difficiles à soufrer que sur les vignes basses; il atteint principalement le bouchet (carbenet sauvignon), *Gironde*, I, 502; — ravage et anéantit les vignes et décourage les propriétaires des *Landes*, I, 357; — fait peu de ravages dans le *Puy-de-Dôme*, II, 186; — après l'époque des gelées, on détache les vignes en hauteur et on les couche par terre pour les préserver de l'oïdium

(Mis de Franclieu), *Hautes-Pyrénées*, I, 336.

OÏDIUM : finit, dans le Midi, par atteindre les vignes basses aussi bien que les hautes, mais cède aux soufrages bien dirigés, *Hautes-Pyrénées*, I, 337-338; — le morved se défend assez bien contre lui; ne sévit que sur les bords de la mer, *Var*, II, 189; — dans la *Vendée*, II, 504; — le froid des nuits en diminue l'intensité et l'anéantit le plus souvent, *Vienne*, II, 542.

OUVRIER RURAL : «doit produire d'abord «tout son nécessaire pour pouvoir vendre à tout prix son superflu; en cultivant un demi-hectare à Montoire, il «nourrit sa famille, fait des économies «et achète du bien,» *Loir-et-Cher*, II, 723-724.

P

PAIN, le meilleur de France, dit-on, à Cordes, *Tarn*, II, 18.

PAL de 2 à 4 centimètres de diamètre et de 1 mètre de long pour la plantation de la vigne, *Yonne*, III, 135.

PALISSAGE des vignes; doit accompagner la culture du sol à la charrue, *Corse*, I, 164-165; — modèle du haut Médoc; excepté en un point, les carassons devraient être plus élevés pour attacher et conduire les pousses verticales : dans les Graves les pousses horizontales n'ont rien pour les soutenir et les attacher, *Gironde*, I, 439.

PAMPRE, définition du mot, *Var*, I, 86.

PÉNITENCIER de Sant'-Antonio pour culture jardinière et fruitière à Ajaccio, *Corse*, I, 149.

PHYSIOLOGIE «végétale et animale séparée «de la physique et de la chimie par

«toute la distance des lois de la vie à «celles de la mort,» *Dordogne*, I, 520.

PINÇAGE; «a produit une augmentation «de 13,63 p. 100 dans le rendement «pendant onze ans d'observations chez «M. Portal de Moux,» *Aude*, I, 267; — des bourgeons à fruit; démonstration de son utilité, *Côte-d'Or*, III, 73-75; — «pratiqué avec succès sur les «grappes de raisin trop allongées, sur «la mondeuse par exemple, lui fait «rendre trois fois plus de jus,» *Jura*, II, 385; — pratiqué à Beaumont près Clermont par M. Papin, *Puy-de-Dôme*, II, 181-182; — «l'expérience a prouvé «que les rangs pincés avant la fleur ont «augmenté la récolte de 50 p. 100,» *Haut-Rhin*, III, 262; — des contre-bourgeons du haut retardent la maturité du raisin d'une dizaine de jours, *Vosges*, III, 295-296.

Piquette avec les marcs, *Aisne*, III, 446 ;
— faite en rejetant sur les marcs non pressurés de l'eau en quantité égale au tiers du vin extrait, Vierzon, *Cher*, III, 194 ; — dans le *Lot*, II, 36 ; — dans le *Puy-de-Dôme*, II, 191 ; — à Castres et à Lavaur, *Tarn*, II, 16 ; — dans : 1° le demi-vin, en versant sur le marc non pressé cinq pièces d'eau pour vingt pièces de vin tiré ; 2° après quoi, on remet cinq pièces d'eau pour faire la piquette première ; 3° on fait de la même façon la piquette seconde, boissons salutaires pour les travailleurs, *Tarn-et-Garonne*, I, 395.

Pisse-vin ; vient sur le vieux bois ; c'est un gourmand, *Hautes-Pyrénées*, I, 338-341.

Plant enraciné (pourette) ; sa plantation chez M. Portal de Moux, *Aude*, I, 265 ; — la bouture est préférable, *Puy-de-Dôme*, II, 166 ; — employé quelquefois dans le Rhône, et y donnant 15 à 20 hectolitres la deuxième année, et 75 à 100 la troisième au domaine de Longsard, *Rhône*, III, 3 ; — nombreux produits par le couchage des sarments sur terre, procédé du docteur Esquot, *Vosges*, II, 298-301.

Plantation : à Ambérieux, *Ain*, II, 349-350 ; — trop profonde, ce qui éloigne jusqu'à quatre ans la récolte rémunératrice, *Allier*, III, 164 ; — dans les *Hautes-Alpes*, II, 217 ; — mal entendue dans l'*Ardèche*, II, 85 ; — en fossés et plants enracinés à Bar-sur-Aube, *Aube*, III, 96 ; — en trous isolés à Bar-sur-Seine, *Aube*, III, 101 ; — chez M. Portal de Moux, *Aude*, I, 264-266 ; — dans les *Bouches-du-Rhône*, I, 190 ; — en bouture et à la barre, précédée de la plantation d'un sarment provisoire, *Charente*, II, 446-448.

Plantation « en boutures, au pic, dans « la terre végétale ou à la barre, tardive « du 15 mai au 15 juin, époque où la « végétation se met en mouvement et « ne laisse au sarment aucune chance de « pourriture, de gelée ou de dessicca- « tion ; doit être précédée de stratification « dans la terre et suivie, lors de la plan- « tation, de l'enlèvement de l'épiderme « de la partie enfouie dans la terre, » *Charente-Inférieure*, II, 470-471 ; — en boutures dans le Sancerrois ; on y a constaté : « 1° que le tassement de la terre est « nécessaire pour assurer la reprise et la « force de la végétation ; 2° qu'une pro- « fondeur qui dépasse 25 centimètres « est défavorable ; 3° que si on n'enlève « pas l'épiderme sur 16 à 20 centi- « mètres de la partie inférieure, les trois « cinquièmes des boutures périssent, » *Cher*, III, 189 ; — à Vierzon, par plant enraciné de deux ans, en ligne sur petites fosses à distance de 1ᵐ,40 au carré, qui sera réduite à 0ᵐ,70 par le provignage, III, 192 ; — en fossés à Argentat, *Corrèze*, II, 122-123 ; — à Beaulieu, II, 127 ; — sans défoncement, à la cheville seulement, existant depuis 150 ans à Cervione, *Corse*, I, 128 ; — en fossés et boutures à Corte, I, 137 ; — en fossés par provignage, I, 138-140 ; — en fossés à Ajaccio, I, 142-143 ; — préceptes à suivre, I, 154-160 ; — très-rare là où le provignage règne presque exclusivement. *Côte-d'Or*, III, 65 ; — verticale de bouture bien préférable à la plantation coudée, III, 79-80 ; — de 1 à 2,000 hectares de Dijon à Marsannay, dans des terres de 4 à 500 francs, portées ainsi de 6,000 à 10,000 francs l'hectare, III, 83 ; — « de la vigne ; considérations « économiques sur les divers modes de

« plantations et de conduite de la vigne « et sur les résultats financiers qu'ils en- « traînent, » *Dordogne*, I, 535-538.

PLANTATION et le provignage à Miserey se font à une grande profondeur et coûtent énormément sans donner un produit rémunérateur, quoique le sol soit ex- cellent; même plantation à Quingey, mais le produit est augmenté par la courgée qu'on laisse aux cépages qui la comportent, *Doubs*, II, 410; — dispendieuse et mal entendue de la petite syra dans la *Drôme*, II, 229- 230; — dans le *Gard*, I, 219-220; — au pal et à bouture, *Haute-Garonne*, I, 320; — dans le *Gers*; — chez M. le comte Duchâtel et M. Richier, *Gironde*, I, 435-436; — à la barre après labour et défonçage est la plus usitée, I, 437; — « c'est dans la ligne que les « ceps doivent être serrés ou éloignés, « les frais de palissage restant ainsi les « mêmes et les rangs de vignes gardant « toujours entre eux une distance de « 1 mètre, suffisante pour la culture éco- « nomique avec les animaux, ainsi que « pour la fumure, le terrage et la sur- « veillance, » I, 438; — dans l'*Hérault*, I, 243; — à Châteauroux, à Issoudun, à Argenton, on remplace les manquants par des boutures nouvelles ou de jeunes plants, *Indre*, II, 565; — « résultats « comparés d'une plantation à la fiche « et à l'auget au bout de 50 ans : à la « fiche, pas de défoncement et plant ver- « tical, ceps très-vigoureux; à l'auget « avec défoncement et plant coudé, il « ne reste plus que des ceps mourants, » II, 578-579; — « de la vigne au fond « du sol végétal, contraire à tous les « principes de la physiologie végétale; « développement successif et contre-na- « ture des racines, qui est contraint de

« se faire de bas en haut, au lieu de « haut en bas, » *Jura*, II, 371-374; — spéculation curieuse à laquelle donne lieu ce mode de plantation à Sa- lins : les vignerons métayers emploient les rejets de terre entre les fossés à plan- ter des boutures pour avoir du plant en- raciné, qu'ils vendent pendant que les boutures sortent à peine des fossés dans des conditions moitié moins favorables, II, 374; — en bouture ou plants en- racinés coudés au fond par planches à trois ou quatre rangs, la terre des sentiers qui se trouvent ainsi de 0^m,30 à 0^m,40 au-dessous du sol étant re- jetée sur les planches, dans le *Loir-et- Cher*, excepté à Montrichard, Chissay et Saint-Georges, où la culture est à plat, *Loir-et-Cher*, II, 686-687; — dans l'arrondissement de Vendôme, à raison de 10,000 ceps à l'hectare, portés ensuite jusqu'à 25,000 et même 45,000 par le provignage, II, 722; — sur défriché de chênes, y prospère, III, 24; — de Roanne et environs en razes bombées au moyen de la terre prise tous les ans dans les fossés pa- rallèles, *Loire*, III, 25; — en fossés à Brioude, *Haute-Loire*, II, 105; — sur schiste sans défoncements, qui sont plus nuisibles qu'utiles, au Loroux-Botte- reau, près Nantes, *Loire-Inférieure*, II, 596; — à Gien en fossés à double dis- tance et à double rang, le milieu étant garni plus tard par le provignage des premières plantations au bout de 4 et 8 ans, *Loiret*, III, 211-212; — dans le Gâtinais, en fossé avec deux rigoles pour y loger les plants coudés, III, 217; — à Beaune-la-Rolande et à Gaubertin avec succès de mai en juin, avec sar- ments stratifiés, III, 219; — « M. Guil- « lory a procédé immédiatement à une

« plantation de vignes sur un défriche-
« ment de vignes, mais en changeant
« le cépage, » *Maine-et-Loire*, II, 635.

PLANTATION en plants enracinés mis en
fossé, *Marne*, III, 392-393 ; —sur un
labour profond dans les terrains légers
et perméables ou sur un défonçage à
deux et trois fers de bêche dans les
terrains compactes et argileux, *Moselle*,
III, 328-329 ; — en fossés en lignes
géminées avec boutures ou plants enracinés, coudés d'un côté à l'autre du
fossé, *Nièvre*, III, 173 ; —dans le *Puy-
de-Dôme*, II, 162-164 ; — dans les
Pyrénées-Orientales, I, 274, 276-277 ;
— sur minage ou défoncement à 0^m,15
de profondeur par planches de 4 à
5 mètres séparées par des sentiers de
0^m,80 de profondeur, chaque planche
portant 5 à 7 rangs, *Rhône*, III, 2-
3 ; —en fossés directs et latéraux destinés à tirer d'un seul cep trois sarments
de provignage, qui se font attendre plusieurs années. *Bas-Rhin*, III, 272-
273 ; — en kammerbau ou chambre
à vigne ; ses nombreux inconvénients
pour la culture et l'exploitation, III,
274-279 ; — température plus douce
entretenue par ce système, qui procure aussi une grande vigueur, une
fécondité plus abondante et une longévité extraordinaire de cent ans et
plus, avantages contre-balancés par la
sujétion à l'oïdium, III, 279-280 ;
— en fossés, *Haut-Rhin*, III, 201 ; —
en plants enracinés qui produisent à 3
ou 4 ans, à Champlitte, *Haute-Saône*,
II, 418 ; — à Vesoul un tiers en fossés,
les deux autres tiers résultant ensuite
du provignage, II, 424 ; — en lignes,
ses avantages économiques pour la culture avec les animaux de trait, *Saône-
et-Loire*, III, 54-55.

PLANTATION en fossé avec provignage, en *Savoie*, II, 279 ; — plus coûteuse que celle
de franc pied, II, 279-280 ; — à Évian,
faite de préférence quand la séve monte
et même quand le bourgeon est sorti,
Haute-Savoie, II, 307 ; — en bouture
à la barre, à Niort et à Melle ; description de la fête qui a lieu à cette occasion, *Deux-Sèvres*, II, 519-521 ; —
— dans des rigoles faites à la pioche,
de 15 à 20 centimètres en tous sens,
à Thouars, Argenton et Airvault, plant
coudé au fond de la rigole, II, 528 ;
— de 0^m,90 à 1^m,33 au carré en lignes
dans le *Tarn*, II, 4 ; — d'une crossette
dans un trou fait au pal, II, 7 ; —
dans *Tarn-et-Garonne*, I, 387-388 ;
— ce qu'elle devrait être, I, 389 ; —
conditions à remplir ; la printanière
est préférable, *Var*, I, 70-72 ; —
vicieuse en boutures avec gros crochets
de vieux bois, *Vienne*, II, 544-545 ;
— immédiatement après un défri-
chement de bois de chêne dont les
racines sont enlevées avec le plus grand
soin, *Vaucluse*, I, 208-209 ; —
« prématurée en novembre et mois sui-
« vant fait périr beaucoup de sujets à
« Auxerre, » *Yonne*, III, 132 ; — au
pal à Coulanges, en bouture, de novembre en mai ; beaucoup trop tôt,
III, 135-136.

PLÂTRAGE des vins, ses effets, *Var*, I, 93-94.

POIRIER « de Publier, près Évian, de 20
« mètres de haut, 3^m,45 de circonfé-
« rence au tronc, et 60 mètres de pour-
« tour d'arborescence, donne tous les
« trois ans 100,000 à 120,000 poires,
« et 30,000 à 40,000 dans les deux
« années d'intervalle ; il fournit 15 à
« 20 hectolitres de poiré dans ses bonnes
« années, et 5 à 7 dans ses années de
« repos relatif, » *Haute-Savoie*, II, 304.

Pommes de terre; leur culture, qui, outre leur consommation directe, permet l'élevage du porc, qui s'associe merveilleusement à la viticulture là où les prairies sont rares ou impossibles, *Ardèche*, II, 74;—peuvent donner jusqu'à 400 hectolitres à l'hectare dans le *Cantal*, II, 118; — leur importance dans l'économie rurale, *Maine-et-Loire*, II, 608-609.

Population. « Il ne restera dans les campagnes que ceux qui y possèdent une «maison et un champ, excepté les do-«mestiques qui y retrouvent une fa-«mille; l'industrie dispute avec avan-«tage les bras à la population rurale en «pourvoyant les familles de maisons, «jardins, etc.,» *Haut-Rhin*, III, 249; — même sujet, *Vienne*, II, 543.

Prairies «admirablement irriguées en «Limousin, cause du refroidissement «du climat et qui ne fait que l'aug-«menter,» *Haute-Vienne*, II, 142.

Préparation du sol; défonçage général à 30 ou 50 centimètres à Cognac et Barbezieux, simple culture à Angoulême, coutume générale autrefois, en fossés très-rarement, *Charente*, II, 446; — en fossés à Bastia et au cap Corse, *Corse*, I, 120;—par défoncement, à Vignale, nécessité par une quantité énorme de ronces, I, 128; — rigoles de 0^m,25 de largeur sur 0^m,75 de profondeur et parallèles à la pente des coteaux à Corte; à Bastia et à Ajaccio elles sont perpendiculaires, I, 136-137; — à l'Hermitage, *Drôme*, II, 228-229; — dans le *Gard*, I, 219; — dans le *Gers*, I, 370-371; — dans les Graves et le Médoc, chez MM. le comte Duchâtel et Richier, et à Saint-Émilion, *Gironde*, I, 435-437; — par un défonçage général de 40 à 60 centimètres tend à se substituer à la cou-

tume plus ancienne de plantation en fossés de 50 à 60 centimètres de largeur sur 50 à 66 centimètres de profondeur, *Jura*, II, 371; — résulte presque toujours de l'arrachage d'une vigne épuisée, qui le plus souvent est suivi de la plantation d'une nouvelle vigne, *Marne*, III, 391-392; — trois modes pour la plantation dans le *Var*, I, 68-70.

Pressoir; à Brioude, public, qui peut faire attendre trois semaines pour fonctionner, *Haute-Loire*, II, 109; — de M. Dezaunay, à Nantes, *Loire-Inférieure*, II, 604-605; — à crinoline, chez M. le vicomte de la Loyère, à la Loyère, *Saône-et-Loire*, III, 55-56.

Productions «fruitières à grande arbores-«cence peuvent seules alimenter la con-«sommation générale des fruits à bon «marché» (Decaisne), *Haute-Savoie*, II, 304-305;—de *Vaucluse*, I, 203.

Produit net et produit brut : distinction, *Dordogne*, I, 508.

Propriétaires : «constructions que font «établir pour les vignerons MM. Driard «et Anseaux, à Beaune-la-Rolande,» *Loiret*, III, 220; — «possédant le sol «et ouvriers qui le cultivent : énuméra-«tion détaillée de toutes les manœuvres «déplorables qu'amène l'antagonisme «de leurs intérêts; la conduite de la « vigne suivant la méthode Trouillet en «fait disparaître une partie,» *Meuse*, III, 344-347; — et vignerons mercenaires seulement, *Yonne*, 125-126.

Provignage systématique accompagné de fortes fumures et à raison de 333 souches par hectare et par an renouvelle la vigne à Ambérieux par trentième, *Ain*, II, 352-353; — général dans l'*Aisne*, III, 440; — employé pour l'entretien des vignobles dans l'*Allier*, III, 165.

PROVIGNAGE; donne moins que le franc pied sans alignement en foule, *Hautes-Alpes*, II, 217-218; — souterrains à Bar-sur-Seine, *Aube*, III, 101-102; — périodique est une duperie, *Aveyron*, II, 48-49; — employé exclusivement pour le renouvellement de la vigne sur le pied de 800 provins à quatre pointes par an, à Sancerre, *Cher*, III, 189; — excessif à Château-meillant, équivalant à un rajeunissement tous les dix ans, III, 197; — à Beaulieu, de la troisième ou quatrième année, si la végétation n'est pas assez vigoureuse; la vigne maintenue de franc pied est meilleure, plus précoce et plus durable, *Corrèze*, II, 127-128; — près de Cervione avec un sarment de 5 à 6 mètres couché dans un fossé de 30 centimètres de profondeur et ondulé de manière à fournir trois sujets à ses trois points de contact avec le sol, *Corse*, I, 130-131; — à Corte, pour plantation, I, 138; — « perpétuel a eu un grand mé- « rite, celui d'y perpétuer sans aucun « mélange le même cépage, le pineau; « ses inconvénients ont été de briser « toute espèce d'alignement et, en « outre, de nécessiter un surcroît an- « nuel de main-d'œuvre et de dépense « bien supérieur à ce que coûterait une « plantation ordinaire; rend moins à « l'hectare que le franc pied; la qualité « qu'il produit est inférieure, ce qui « abaisse celle du produit général dans « lequel il entre, » *Côte-d'Or*, III, 64-65; — est une longue taille souterraine, III, 67; — comparaison de ses produits avec ceux que donne la conduite à l'air libre, III, 67-70; — porté de 1,200 à 1,800 ceps par hectare de gamays, III, 81.

PROVIGNAGE séculaire maintient la vigne sur le même terrain, qui, ne recevant aucun autre amendement qu'une terre qui est toujours la même, finit par se stériliser, *Doubs*, II, 395; — et recouchage des souches, sont les modes d'entretien de la vigne par quinzième : économie que présente une plantation nouvelle, II, 405; — aux vignobles de l'Hermitage et à Tou-ron, où l'on prétend que lui seul donne des fruits : sa critique, *Drôme*, II, 225, 234; — éternel en butte et en vallée, *Eure*, III, 538; — sa pratique produit des vignes qui durent moins longtemps que celles de franc pied et fournissent du vin inférieur, III, 542-543; — excessif à Vouvray et modéré ailleurs, *Indre-et-Loire*, II, 663; — à l'air libre préférable au provignage souterrain, *Loir-et-Cher*, II, 695; — n'est employé généralement que pour remplacement isolé de ceps morts, excepté à Saint-Aignan et envi-rons; diminue le rendement en vin, malgré le doublement du nombre de ceps à l'hectare, II, 700; — sert à entretenir la vigne à Grenoble, *Isère*, II, 249; — par vingtième dans le *Jura*, II, 375; — pour entretenir la vigne à Brioude, *Haute-Loire*, II, 508; — au vingtième dans le Sau-murois, *Maine-et-Loire*, II, 626; — excessif équivalant à un renouvelle-ment tous les dix ou douze ans : fosses faites au nombre de soixante par jour-née à 3 francs à Bar-le-Duc, et de deux cents par journée de 2 fr. 50 c. à Liouville, *Meuse*, III, 348; — de remplacement; versadi préférable, *Puy-de-Dôme*, II, 164-166; — dans de mauvaises conditions, *Pyrénées-Orientales*, I, 278-279.

Provignage à outrance et par fossés tous les douze ans à Champlitte; doit être continué toujours, *Haute-Saône*, II, 418; — réduit au remplacement des ceps morts dans le Mâconnais : la vigne y dure trente à cinquante ans et même plus, mais il est employé dans le Chalonnais pour y entretenir la vigne indéfiniment, *Saône-et-Loire*, III, 51; — ses inconvénients, et gêne qu'il impose aux racines pour profiter de la fumure, *Savoie*, II, 279-280.

Provignage avec des gourmands sortis du pied de vieilles souches doit être évité avec le plus grand soin pour ne pas créer des souches stériles, *Tarn*, II, 5; — excessif à Loudun : 300 provins à trois pointes par an et par hectare, *Vienne*, II, 551; — n'est pas usité dans l'*Yonne*, III, 140.

Pyrale : sa destruction au moyen de l'eau bouillante; traitement imaginé par M. Raclet de Romanèche, *Rhône*, III, 10.

R

Racines adventices sous terre aussi nuisibles que les gourmands sur terre, *Aube*, III, 104-105.

Rafles sont abandonnées à Gy : « en les « lavant au moment de l'égrappage on « en obtiendrait une très-bonne pi- « quette ou une excellente eau-de-vie, » *Haute-Saône*, II, 428; — à Gaillac, *Tarn*, II, 16.

Raisin de mondeuse (gros plant) vendu à Lyon pour la piquette des ouvriers à raison de 30 à 36 francs les 100 kilogrammes, *Ain*, II, 365; — « chaque « variété a sa qualité sensuelle et ali- « mentaire spéciale d'où résulte un vin « qui lui est propre; peu s'associent et « s'harmonisent parfaitement à la cuve « comme au vignoble, » *Dordogne*, I, 528-529; — leur choix minutieux pour le vin de Champagne, *Marne*, III, 401.

Rajeunissement de la vigne : procédés employés dans la *Charente-Inférieure*, II, 486-487; — à Thiaucourt : « les vignes rajeunies sont infiniment « moins fertiles que les vignes replan- « tées, » *Meurthe*, III, 311.

Rapports de M. J. Cornu à la Société d'agriculture de l'*Indre*, II, 580-583.

Récolte atteignant quelquefois 200 hectolitres à l'hectare, *Ain*, II, 349; — de 50 hectolitres à Montluel, II, 221-222; — de 180 hectolitres sur 3,750 ceps en jouelles à 1^m,60 dans les rangs, espacés de 6^m,66, soit 5 litres à peu près par cep, à Montilly, *Allier*, III, 159-160; — moyenne rouge et blanche dans le département, III, 167; — et produit net par hectare, *Basses-Alpes*, II, 221-222; — dans la Gaude, *Alpes-Maritimes*, I, 30; — à Bar-sur-Aube, 20 hectolitres chez les bourgeois et 40 chez les vignerons, *Aube*, III, 99; — chez MM. Portal de Moux et Sicre, *Aude*, I, 269; — à Cognac, Barbezieux et Angoulême, *Charente*, II, 458; — de 100 à 200 hectolitres n'est pas inconnue en *Charente*, II, 461; — tombant de 120 ou 150 hectolitres à 40 au bout de dix ans, par suite d'un provignage excessif, à Châteaumeillant, *Cher*, III, 197; — de 70 hectolitres dès la troisième année de plantation chez M. Estival, III, 198; — à Beaulieu avant l'oïdium, *Corrèze*, II, 128; — à Brives et à Donzenac, II, 135; — à Meyssac, II, 136.

Récolte à Argentat, 80 hectolitres à l'hectare pour les propriétaires vignerons, 40 hectolitres seulement pour bourgeois, II, 125; — à Corte, *Corse*, I, 141; — des gamays dans la *Côte-d'Or*, III, 82; — de la vigne : sa valeur comparée avec les autres produits de l'agriculture, III, 84; — trop hâtive dans quelques parties amène de la verdeur dans le vin de quelques propriétaires, *Dordogne*, I, 531; — comment les rendements moyens devraient être calculés, *Doubs*, II, 405; — et son produit en argent, *Gers*, I, 373-374; — moyen d'en augmenter la valeur en changeant les cépages, I, 375-376; — dans la *Gironde*, I, 458; — variant de 9 à 18, à 27 hectolitres, suivant la conduite à une, deux et trois astes, à Saint-Émilion; pourquoi la plus profitable n'est-elle pas adoptée? I, 492-497; — prodigieuse attribuée aux détritus basaltiques contenus dans les alluvions, *Hérault*, I, 246; — on récolte quelques grappes à quatre ans, on paye les façons par la vendange à cinq ans, et à six ans, on réalise un revenu net, *Indre*, II, 571; — la première à huit ans, c'est la ruine; mais à trois ans c'est la fortune, *Indre-et-Loire*, II, 671; — dans les Chalosses, *Landes*, I, 364-365; — de M. de Ruolz, à Alleret, *Haute-Loire*, II, 111; — du vigneron propriétaire 5 hectolitres à l'œuvrée (5 ares 70 centiares); du propriétaire faisant cultiver par des vignerons journaliers, 2 hectolitres et demi, à Brioude, II, 112; — comparée du Gâtinais, de l'Orléanais et de la Lorraine, *Loiret*, III, 216-217; — à Beaune-la-Rolande, III, 220-221; — dans *Lot-et-Garonne*, I, 426-427.

Récolte «atteint 12 p. o/o du capital à «Maranville, d'après des comptabilités «remontant à un siècle,» *Haute-Marne*, III, 356; — «la plus haute de France «en moyenne : conséquence de son «excellent terrain et surtout de la «bonne méthode de culture et de con«duite de la vigne,» *Meurthe*, III, 304-307; — à Toul, III, 319; — à Toul, compte de revient, III, 320; — remarquable de bons vins à raison de 150 hectolitres à l'hectare et à 20 francs l'hectolitre, auprès de Commercy et à côté de vastes terrains sans plantation, *Meuse*, III, 351; — de 110 à 120 hectolitres à l'hectare sur une vigne de deux ans de provignage et de 50 à 60 hectolitres sur une d'un an, III, 352; — comptés très-détaillés et réflexions à ce sujet, *Morbihan*, III, 557-584; — des vignes hautes; 1,000 pieds donnent 10 hectolitres de vin rouge ou blanc, *Basses-Pyrénées*, I, 348; — en espalier serait plus riche et plus régulière si les pampres verts étaient pincés et rognés, I, 350; — à Collioures, Port-Vendres et Banyuls, *Pyrénées-Orientales*, I, 278; — à deux ans dans le clos de M. Pommier aux Thorins, *Saône-et-Loire*, III, 32-34; — de la Sarthe, III, 557-558; — à Évian, des vignes basses et à grande arborescence, *Haute-Savoie*, II, 305-306; — arrondissement d'Annecy, II, 336; — moyenne de 30 hectolitres à l'hectare, dont la modicité s'explique par les mutilations de la vigne, la coulure, le brûlis, la pourriture, à Niort et à Melle, *Deux-Sèvres*, II, 526; — «on a pu à Oiron, canton de Thouars, «récolter, à la troisième année de végé«tation, 64 hectolitres, sur 66 ares tail«lés dès la première année,» II, 528.

Récolte de 40 hectolitres en blanc et 20 en rouge, à Thouars et Argenton ; ne paye les frais qu'à cinq ans pour les blancs et à sept ans pour les rouges : prix moyen du blanc, 20 francs l'hectolitre et 30 francs pour le rouge, II, 532.

Renouvellement à Mercurey ; on sème un sainfoin dans les places vides ; au bout de deux ou trois ans, on défriche puis on replante, *Saône-et-Loire*, III, 51 ; — par boutures, plants enracinés ou provignage dans le *Tarn*, II, 4 ; — périodique de la vigne comme dans l'Hérault et le Beaujolais est préférable au remplacement partiel.

Renouvellement ; une vigne qui ne donne plus que 10 à 20 hectolitres à l'hectare ne vaut plus rien ; à espèces identiques, le vin de jeunes vignes adultes vaut celui des vieilles vignes, II, 5-6 ; — par marcottage, provignage et plant enraciné dans la *Vendée*, II, 513.

Restauration des vignes longues si elles sont conduites à la taille courte, *Ain*, II, 336 ; — *Corse*, I, 169-170.

Révocation de l'édit de Nantes : son influence sur l'abandon de la culture de la vigne en Sologne, *Loir-et-Cher*, II, 684.

Rogomme, sa confection et sa vente en Hollande, *Lot*, II, 35.

S

Sable « siliceux paraît donner des fruits de « qualité supérieure, exemples : chas- « selas de Fontainebleau et Thomery ; « gamays du Beaujolais, raisins de « Capbreton et fruits de l'île de Ré, » I, 373 ; — même sujet à propos des landes de Bordeaux, *Gironde*, I, 433 ; — à Saint-Brévin, près des dunes de la *Loire-Inférieure*, planté en vignes, II, 591-592 ; — et jardins à 20 mètres de l'Océan, II, 593.

Schiste. « Rôle qu'il joue pour la culture « de la vigne ; recouvre le sol comme « des tuiles sur un toit ; entretient la « fraîcheur, dispense des cultures, se « gonfle, se délite et devient un amen- « dement excellent pour la vigne ; dure « quinze à vingt ans, » *Hautes-Alpes*, II, 220-221.

Semis « des nœuds de la vigne, par « M. Hudelot, de Beure, près Besan- « çon, *Doubs*, » II. 402-404.

Sève. Il faut ne lui donner qu'un seul cours, *Dordogne*, I, 161 ; — son mouvement analogue à celui du sang des animaux, *Sarthe*, III, 565-557.

Société vigneronne de Montlivault « a « porté son rendement à 80 hectolitres « à l'hectare en adoptant la culture « type, » *Loir-et-Cher*, II, 716-717.

Sol favorable à la vigne, *Ain*, II, 344 ; — de l'*Aisne*, III, 432 ; — de l'*Allier*, III, 153 ; — des plus variés et excellent pour la vigne, *Ariége*, I, 301, 307 ; — « des rampes moyennes « et inférieures des montagnes donne « en tout pays le meilleur vin, » *Aude*, I, 260 ; — du *Cher*, III, 184-185 ; — argilo-calcaire ; la vigne y pousse avec force et vit très-longtemps fertile : il n'en est pas de même dans le terrain crétacé pur, où la vigne végète et dure peu, III, 185 ; — de Vierzon, siliceux et argilo-siliceux reposant sur une espèce d'alios ou sable et gravier cimentés, qui ne devient fertile qu'après deux ou trois ans, III, 191 ; — un peu inférieur à celui de Libourne, *Dordogne*, I, 510.

Sol favorable à la vigne, *Drôme*, II, 225; — présente une surface tourmentée et des gorges étroites qui, avec l'altitude des chaînes dominantes, entretiennent une fraîcheur contraire surtout à la maturité du raisin, ce qui restreint aux expositions du sud-est et sud-ouest les terrains propres à la vigne, *Doubs*, II, 394-395; — d'*Eure-et-Loir*, III, 517; — excellent généralement pour la vigne, *Gard*, I, 219; — favorable à la vigne, *Gers*, I, 368; — des palus, des terres fortes et de certaines côtes de la Gironde, est d'une grande fertilité; mais les landes, les graves, ne peuvent nourrir que les pins et la vigne, *Gironde*, I, 434; — la vigne meurt promptement sur les roches pleines, sans fissures; elle prospère et dure longtemps sur les roches à fissures nombreuses, I, 489; — sa composition, *Hérault*, I, 238-239; — son humidité et sa nature un peu contraires à la vigne, *Ille-et-Vilaine*, III, 648; — excellent dans *Indre-et-Loire*, II, 648; — merveilleux pour la vigne, *Jura*, II, 374-375; — à l'exception de la plaine du Forez, aussi propice à la vigne que celui du Beaujolais, serait transformé en première qualité par les cendres de la houille et les fumiers de Saint-Étienne, *Loire*, III, 22-23; — du *Loiret*, III, 206; — la vigne sur les terres siliceuses se met tout d'abord à fruits, mais dure moins longtemps, *Lot*, II, 23-24; — fort riche et convient à toutes les cultures; la vigne y prospère à peu près partout, *Lot-et-Garonne*, I, 419; — de ses nombreuses montagnes est aride, *Lozère*, II, 67; — «sa couleur «prise en considération; moins il est

«rouge, moins il est favorable, surtout «aux raisins rouges; les blancs sont «plantés de préférence sur les terres «grises ou jaunâtres,» *Marne*, III, 388.

Sol est schisteux et refroidit, tellement la température que la culture des pommiers est substituée à celle de la vigne, *Mayenne*, III, 565; — est granitique et schisteux; cépages auxquels il convient, *Morbihan*, III, 573-574; — de l'*Oise*, III, 485; — argilo-calcaire ou granitique et volcanique, *Puy-de-Dôme*, II, 159; — riche et profond des *Basses-Pyrénées*, I, 347; — froid, moins profond et fertile s'il était défoncé et soumis à des cultures fréquentes : les prairies s'y associeraient à la vigne, comme dans le Beaujolais, et y produiraient une grande richesse attirant une population nombreuse, *Hautes-Pyrénées*, I, 330; — tourmenté, montagneux, à pentes abruptes et à rochers compactes privés de terre végétale, *Pyrénées-Orientales*, I, 271-272; — son peu de profondeur à Banyuls, Port-Vendres et Collioure, I, 275; — gypseux dans la Maurienne, donne le vin le plus capiteux, *Savoie*, II, 277; — des rampes inférieures des hautes montagnes est principalement occupé par la vigne, II, 278; — présente quatre catégories toutes propres à la vigne, *Haute-Savoie*, II, 300; — d'Évian, propre à la production fruitière, II, 303-305; — plus favorable à la culture des bons cépages, plus précoces que les mauvais, *Seine-et-Marne*, III, 465-466; — de *Seine-et-Oise*, III, 498; — les parties les plus maigres sont toutes excellentes pour la vigne, *Deux-Sèvres*,

II, 518; — excellent pour la vigne, *Tarn*, II, 2; — est essentiellement propre à la vigne, *Vienne*, II, 541; — granitique; le pineau, le balzar, le boutezat, qui réussissent si bien dans les calcaires, ne donnent dans le granit que des jus douceâtres et plats; «il faut au granit « les petits gamays du Beaujolais et les «chasselas (fendants verts et roux de «la Suisse),» *Haute-Vienne*, II, 141; — d'Auxerre, *Yonne*, III, 131,

SOLIDITÉ «des vins paraît résulter de la ra- «pidité et de la perfection de la fer- «mentation à la cuve,» *Alpes-Maritimes*, I, 33-34.

SOUFRAGE contre l'oïdium, mal appliqué dans les *Basses-Alpes*, I, 54; — par M. Tastour, à Cannes, au moyen du soufflet de M. Bonnin, *Alpes-Maritimes*, I, 48-49; — «facilité par les trois «opérations de l'épamprage,» *Bouches-du-Rhône*, I, 198; — «quand «l'oïdium révèle sa présence par des «attaques partielles et prémonitoires, «succès complet sur 100 hectares, par «M. le comte de Lavergne,» *Gironde*, I, 459-460; — pratiqué avec succès dans les *Basses-Pyrénées*, I, 353.

STATISTIQUE de l'Ain, II, 343-344; — de l'Aisne, III, 431-432; — de l'Allier, III, 153-155; — des vignobles et des vins des Basses-Alpes, I, 53, 58-59; — des Hautes-Alpes, II, 209-210; — des Alpes-Maritimes, I, 23-24; — de l'Ardèche, II, 73; — des Ardennes, III, 375-376; — de l'Ariége, I, 301; — de l'Aube, III, 93-94; — de l'Aude, I, 257; — de l'Aveyron, II, 62; — des Bouches-du-Rhône, I, 179-180; II, 192; — du Cantal, II, 115; — de la Charente, II, 441-443; — de la Charente-Inférieure, II, 460: — du Cher, III, 183.

STATISTIQUE de la Corrèze, II, 118-119; — de la Corse, et pourquoi elle n'a que 16,000 hectares de vignes, I, 98-101; — de la Côte-d'Or, III, 59; — de la Dordogne, I, 507-510; — du Doubs, II, 393-394; — de la Drôme, II, 225; — de l'Eure, III, 537; — d'Eure-et-Loir, III, 515; — du Gard, I, 215; — de la Haute-Garonne, I, 313; — du Gers, I, 366; — de la Gironde, I, 429-431; — de l'arrondissement de Libourne, I, 461-462; — de l'Hérault, I, 237-238; — d'Ille-et-Vilaine, III, 569; — de l'Indre, II, 561-562; — d'Indre-et-Loire, II, 646-647; — de l'Isère, II, 245; — du Jura, II, 369-370; — des Landes, I, 355; — de Loir-et-Cher, II, 683-684; — de la Loire, III, 22; — de la Haute-Loire, II, 99; — de l'arrondissement de Brioude, II, 103-104; — de la Loire-Inférieure, II, 587-588; — du Loiret, III, 205-206; — du Lot, II, 22; — de Lot-et-Garonne, I, 419; — de la Lozère, II, 67; — de Maine-et-Loire, II, 607-608; — de la Marne, III, 390-391; — de la Haute-Marne, III, 355-356; — de la Meurthe, III, 303; — de la Meuse, III, 341-342; — du Morbihan, III, 573; — de la Moselle, III, 323-325; — de la Nièvre, III, 169; — de l'Oise, III, 480-484; — du Puy-de-Dôme, II, 154-157; — des Basses-Pyrénées, I, 347; — des Hautes-Pyrénées, I, 329; — des Pyrénées-Orientales, I, 271; — du Bas-Rhin, III, 269-270; — du Haut-Rhin, III, 245-246; — du Rhône, III, 1-2; — de la Haute-Saône, II, 415; — de Saône-et-Loire, III, 28.

Statistique de la Sarthe, III, 545 ; — de la Savoie, II, 277 ; — de la Haute-Savoie, II, 299-300 ; — de la Seine, III, 511-512 ; — de Seine-et-Marne, III, 464 ; — de Seine-et-Oise, III, 497 ; — des Deux-Sèvres, II, 517 ; — du Tarn, II, 1-2 ; — de Tarn et-Garonne, I, 379 ; — du Var, I, 61-62 ; — de Vaucluse, I, 204 ; — de la Vendée, II, 505-506 ; — de la Vienne, II, 539 à 541 ; — de la Haute-Vienne, II, 147.

Statistique des Vosges, III, 286-287 ; — de l'Yonne, III, 122.

Stérilisation d'un cep est le résultat composé : 1° de la vigueur de l'espèce ne pouvant supporter une taille restreinte ; 2° de la générosité du sol, *Maine-et-Loire*, II, 612-613.

Sucre. A apparence extérieure de maturité égale, les raisins des hautains paraissent en contenir moins que ceux des vignes basses, *Corse*, 176-178.

T

Table des matières par département : Ain, II, 736 ; — Aisne, III, 705 ; — Allier, III, 702 ; — Basses-Alpes, I, 602 ; — Hautes-Alpes, II, 735 ; — Alpes-Maritimes, I, 601 ; — Ardèche, II, 734 ; — Ardennes, III, 705 ; — Ariége, I, 605 ; — Aube, III, 701 ; — Aude, I, 604 ; — Aveyron, II, 733 ; — Bouches-du-Rhône, I, 603 ; — Cantal, II, 734 ; — Charente, II, 737 ; — Charente-Inférieure, II, 737 ; — Cher, III, 702 ; — Corrèze, II, 734 ; — Corse, I, 602 ; — Côte-d'Or, III, 700 ; — Dordogne, I, 608 ; — Doubs, II, 737 ; — Drôme, II, 735 ; — Eure, III, 707 ; — Eure-et-Loir, III, 707 ; — Gard, I, 603 ; — Haute-Garonne, I, 605 ; — Gers, I, 606 ; — Gironde, I, 607 ; — Hérault, I, 604 ; — Ille-et-Vilaine, III, 708 ; — Indre, II, 738 ; — Indre-et-Loire, II, 738 ; — Isère, II, 735 ; — Jura, II, 736 ; — Landes, I, 606 ; — Loir-et-Cher, II, 739 ; — Loire, III, 699 ; — Haute-Loire, II, 734 ; — Loire-Inférieure, II, 738 ; — Loiret, III, 702 ; — Lot, II, 733 ; — Lot-et-Garonne, I, 607 ; — Lozère, II, 734 ; — Maine-et-Loire, II, 738 ; — Marne, III, 705 ; — Haute-Marne, III, 704 ; — Mayenne, III, 708 ; — Meurthe, III, 704 ; — Meuse, III, 704 ; — Morbihan, III, 708 ; — Moselle, III, 704 ; — Nièvre, III, 702 ; — Oise, III, 706 ; — Puy-de-Dôme, II, 735 ; — Basses-Pyrénées, I, 606 ; — Hautes-Pyrénées, I, 605 ; — Pyrénées-Orientales, I, 604 ; — Bas-Rhin, III, 703 ; — Haut-Rhin, III, 703 ; — Rhône, III, 699 ; — Haute-Saône, II, 737 ; — Saône-et-Loire, II, 700 ; — Sarthe, III, 707 ; — Savoie, II, 736 ; — Haute-Savoie, II, 736 ; — Seine, III, 707 ; — Seine-et-Marne, III, 706 ; — Seine-et-Oise, III, 706 ; — Deux-Sèvres, II, 738 ; — Tarn, II, 733 ; — Tarn-et-Garonne, I, 606 ; — Var, I, 602 ; — Vaucluse, I, 603 ; — Vendée, II, 737 ; — Vienne, II, 738 ; — Haute-Vienne, II, 734 ; — Vosges, III, 704 ; — Yonne, III, 701.

Tableaux quadrillés indiquant sur le papier la place de chaque cep dans les pièces de vignes, chez M. Portal de Moux, I, 266-267.

Taille longue, comparée à la courte, offre seule une production certaine et une saine végétation, *Ain*, II, 350.

Taille longue ressuscite les vignes conduites à taille courte, quand elles ne veulent plus donner, à Montluel, *Ain*, II, 366 ; — préconisée pour les vignes blanches dans l'Allier et proscrite pour les rouges : c'est exactement le contraire qui est admis et pratiqué dans les arrondissements de Bergerac et Libourne. Cependant à Louchy les vignes rouges sont conduites en berceau avec plein succès, *Allier*, III, 162 – 164 ; — longue à verge ou à ploye « résiste « d'autant mieux à la gelée que la « verge est plus longue en même « temps qu'elle est plus fructifère. « Les bourgeons latents repoussent « jusqu'à trois fois après trois gelées « successives. La taille courte à courson « y succombe, » *Ardennes*, III, 381–382 ; — « longue ; son influence heureuse « constatée par le rendement des vignes « de l'Aveyron comparé à celui du Tarn, » *Aveyron*, II, 43 – 45 ; — « longue augmente le produit sans nuire à la qua-« lité, » *Côte-d'Or*, III, 71–72 ; — « cette taille généreuse tue-t-elle les « vignes ? La réponse à cette question se « trouve dans les vignes en treilles de « l'Isère, où il s'en trouve de 100 à « 150 ans, » *Dordogne*, I, 555-556 ; — « a ressuscité chez M. Marcon de vieilles « vignes tuées par la taille courte, I, « 553 – 554 ; — cette taille nuit-elle « à la qualité du vin en donnant trop « de fruits ? Pourvu que la quantité « de fruits soit en harmonie avec l'ar-« borescence, la qualité n'en souffre « pas. Les raisins cueillis sur les astes « à Saint-Émilion, en Médoc, à Juran-« çon, à Madiran, aux Côtes-Rôties, « en sont la preuve, » I, 556 – 557 ; — « a régénéré des vignes qui, à taille « courte ne donnaient rien, » I, 566.

Taille « longue ; alors que les yeux près de « la souche ne sont pas fructifères, les « bourgeons supérieurs des sarments « sont toujours féconds et donnent des « fruits d'autant plus beaux qu'ils sont « plus près de l'extrémité des branches, » *Gironde*, I, 452 – 453 ; — « lors de « sa première année d'application, elle « donne souvent des raisins qui n'at-« teignent pas une maturité complète et « les bourgeons en restent grêles : ceci « est dû à la disproportion des racines « qui emploient la séve à les mettre en « harmonie avec l'extension qu'on a « laissée à la tige et à ses dépendances, » I, 479 – 480 ; — ne doit pas porter alternativement d'un bras sur un autre de la même souche, *Indre-et-Loire*, II, 653 ; — longue à courgée a considérablement atténué les dégâts causés par les gelées printanières à Poligny et à Salins, *Jura*, II, 377 – 380 ; — a triplé la récolte sur une vigne atteinte par une gelée de printemps, comparativement avec des vignes voisines tail-lées à coursons, *Loire*, III, 25 ; — des vignes en cordons bas dans la Maurienne et lâchées à longs bois sur les amas de pierres en bordure, *Savoie*, II. 281 ; — a augmenté beaucoup la récolte au bout de deux ans, *Deux-Sèvres*, II, 536 ; — « diminue-t-elle et perd-« elle la qualité du vin ? Tous les vins « des Côtes-Rôties, du Médoc, de Juran-« çon, de la Gaude (*Alpes-Maritimes*), « de Saint-Émilion, la moitié des vins « du Rhin, les meilleurs de la Lorraine, « de l'Alsace et de la Franche-Comté, « sont produits sur des tailles longues, « ce qui n'empêche pas la Bourgogne « et la Champagne d'en produire à la « taille courte, » *Tarn-et-Garonne*, I, 399.

Taille. « A une plus longue taille corres-
« pondent de plus nombreuses et plus
« longues racines, qui amènent la di-
« minution du nombre de ceps et par
« suite celle de la dépense, » I, 400 ; —
« donne presque toujours des vins
« verts la première année de son adop-
« tion ; seulement, plus tard, des ra-
« cines nouvelles correspondantes au
« surcroît de végétation font cesser cet
« inconvénient, » I, 411.

Taille en sec ou d'hiver : trop lente à former la vigne, Ardèche, II, 86 – 88 ; —
longue, plus favorable que la courte à
la longévité de la souche, à la vigueur de
ses pousses et à sa fécondité, I, 306 ;
— doit donner le plus tôt possible à la
vigne toute sa hauteur, Ariége, I, 307 ;
— sèche de Limoux, trop courte ;
on laisse cependant quelquefois une
broche de sept à huit yeux, appelée pi-
chevi, pisse-vin, Aude, I, 262 ; —
courte en gobelet chez M. Portal de
Moux, près Carcassonne, I, 264 ; —
en sec, dans l'Aveyron, II, 44 – 46 ;
— « terminée beaucoup trop tôt est
« funeste ; intérêt particulier du vigne-
« ron à en avancer l'époque ; vérité de ce
« dicton : taille tôt, peu de vin et gros
« fagot ; taille tard, beaucoup de vin et
« peu de hart (sarment), » II, 47 ; — en
sec des boutures à partir de la quatrième ou cinquième année à Cognac,
à Saint-Fort, à Barbezieux, à Angoulême, laissant de moins en moins de
bras au cep et d'yeux au bras ; en résumé, ici comme partout, les vignes les
plus vigoureuses, donnant les plus fortes
récoltes, sont celles où le nombre
d'yeux laissés à la taille est le plus considérable, Charente, II, 448 – 454 ;
— de Cognac est la meilleure qu'on
puisse appliquer à la folle-blanche et

autres cépages comme elle, donnant
constamment et beaucoup à la taille
courte : ne vaudrait rien pour les cépages coureurs, II, 454.

Taille en sec : la moitié de la Charente
proscrit la branche à fruit, l'autre moitié
l'applique de temps immémorial avec
succès et profit constant ; les branches
à fruit semblent entretenir la fécondité
des vieilles souches ; elles sont le seul
régulateur possible entre la production
du fruit et celle du bois. « La produc-
« tion d'un bois toujours nouveau paraît
« fatiguer autant et plus la plante et
« le terrain que la production du rai-
« sin. » Vers l'âge de 30 à 40 ans, il
se produit autant de raisin que de
feuilles, Charente-Inférieure, II, 476-
479 ; — à Beaulieu, des ceps francs à
2, 3 et 4 cots ; des ceps non francs à
long bois en couronne et un cot de retour à deux yeux, Corrèze, II, 127 ;
— déplorablement restreinte à Alzeto, Corse, I, 132-133 ; — trop restreinte à Cervione (Corse), I, 133 ;
— de première année des boutures et
années suivantes, I, 160 – 164 ; —
propre à restaurer les vieilles vignes,
I, 175 ; — en sec, en février et mars,
Côte-d'Or, III, 72 ; — des vignes
pleines dans la Dordogne, I, 514 ; —
des jouelles dans la Dordogne, I, 516-
518 ; — comparaison des deux systèmes
de taille dans la Dordogne, I, 518 ;
— à Monbazillac, I, 538 – 541 ; — trop
rigoureuse, tout en permettant une végétation luxuriante la rendait stérile
en fruits ; ceux-ci sont arrivés après la
cessation de cette taille, I, 564 ; —
pour les différentes conduites de la
vigne dans le Doubs, II, 397 – 401 ; —
en sec de la petite syra à Beauséjour,
Drôme, II, 237 – 239.

Taille en sec réduite à trois coups de serpe : celui du passé, celui du présent, celui de l'avenir, *Eure-et-Loir*, III, 532 – 533; — plus elle est courte, plus il y a de gourmands, *Gard*, I, 221; — en sec préparatoire, à Toulouse, ne laissant qu'un sarment à chaque bras, étant trop courte, fait sortir une foule de gourmands du vieux bois, *Haute-Garonne*, I, 321 – 322; — du haut Médoc, des Graves et de Sauterne, *Gironde*, I, 438 – 443; — des palus, I, 448 – 450; — en sec type : «une seule tige «à la vigne, un seul cours de séve, «donneront toujours la végétation la «meilleure et la plus facile à diriger; «système basé sur les mêmes principes «que celui de la Gironde, il n'en dif-«fère que parce qu'il est unilatéral,» I, 449–451; — en sec, toujours à astes (longs bois), pour le bouchet (carbenet sauvignon), toujours à coursons pour le noir de Pressac (cot rouge), I, 470; — en sec de la vigne à cordon de MM. Cazenave et Marcon jusqu'à la quatrième ou cinquième année de naissance, I, 472 – 479; — «la vigne dans les conditions les plus «favorables de sol et de climat refuse «absolument ses fruits si elle n'est pas «chargée d'un certain nombre d'yeux «qui modèrent et utilisent normale-«ment la puissante pression de séve «ascendante,» I, 481; — dans l'*Hérault*, I, 241 – 242; — sur la cloison de l'œil au-dessus du plus haut bourgeon conservé, I, 243; — celle adoptée pour le pulsart d'une fécondité inépuisable sans jamais épuiser la souche, *Jura*, II, 149; — en sec, deux fois plus généreuse à Brioude qu'au Puy, mais pas assez eu égard à la vigueur de la végétation, *Haute-Loire*, II, 107.

Taille en sec, en tête de saule, en boule plate, champignon ou têtard, dans le Gâtinais, *Loiret*, III, 213–216; — en sec courte infligée aux cots ou auxerrois, qui veulent la longue, en abaisse considérablement ou en annule les produits; pour en obtenir, il faut lâcher la vigne en quelque sorte en treilles; à la taille courte, la vigne reste stérile pour toujours, *Lot*, II, 26 – 30; — énorme quantité de bois qu'elle fournit en Quercy, II, 32; —transformée en taille type, II, 40 – 41; — en sec, trop restreinte eu égard à la vigueur de la végétation, à la richesse du sol et à la puissance du climat en *Lot-et-Garonne*, I, 420 – 421; — un ou deux sarments verticaux conservés au long de l'échalas, et ébourgeonnage avant la fleur de tous les yeux stériles pour les grosses races; même système pour les fines races, en y ajoutant une verge en couronne, *Meuse*, III, 342 – 344; — «en sec, «avec verges de six à vingt yeux, sui-«vant les risques de gelée printanière, «et laissées verticales et flottantes jus-«qu'à l'époque la plus dangereuse. Pra-«tique observée également de temps «immémorial à Meudon, Clamart, «Sèvres, Suresnes, etc. aux environs «de Paris : du 15 au 20 mai, la verge «ou branche à fruit est abaissée soit «en ligne droite, soit en arc et solide-«ment attachée,» *Puy-de-Dôme*, II, 163 – 169; — en sec, dissertation à ce sujet, *Hautes-Pyrénées*, I, 341 – 343; — trop restreinte, *Pyrénées-Orientales*, I, 277 – 278; — à Champlitte, *Haute-Saône*, II, 418; — des gamays et de l'enfariné, des maillés

des meuniers et des pineaux, chez
M. Marcoux, à Champlitte, *Haute-Saône*, II, 420.

TAILLE en sec à Vesoul, II, 424 – 426 ; — courte sans pléyures (verges) stérilisante en *Savoie*, II, 281 ; — du plant enraciné dans la *Haute-Savoie*, II, 307 – 312 ; — «celle qui consiste à «former rapidement les treilles et les «cordons, en mettant à profit toutes les «forces de la végétation, est reconnue «préférable à la formation lente à «courte taille,» II, 313 – 314 ; — en tête de saule, cépages qui s'en accommodent, II, 334 ; — en sec trop restreinte, ce qu'elle devrait être, long bois qu'il faut laisser dans certains cas, *Tarn*, II, 8 – 11 ; — doit laisser à la plante une arborescence en rapport avec le cube de terre affecté aux racines : six yeux de végétation sont insuffisants pour les racines d'un grand végétal, *Tarn-et-Garonne*, I, 390 ; — en sec : dans le *Var*, I, 79 – 84 ; — courte stérilise la petite syra, *Vaucluse*, I, 209 ; — en l'allongeant et «donnant plus de bras, plus de cour-«sons et plus d'yeux aux jeunes vignes «de la Nerthe, on a obtenu beaucoup de «fruits,» I, 211 ; — à plusieurs bras en tête de saule avec une verge, dans la *Vendée*, II, 507–509 ; — la verge étant prise sur les gourmands ou le vieux bois, II, 510–511 ; — sur de jeunes souches, les fait périr, II, 515 ; — à Poitiers, à trois ou quatre verges à la souche et à huit yeux chacune, conduites en versadi ; taille très-riche mais mal appliquée, II, 547 ; — son influence sur la qualité et la valeur vénale du vin ; du simple au triple ; mais il faut aussi prendre en considération la nature du cépage,

le site et le sol, *Vienne*, II, 626 – 630 ; — des six premières années à Chablis : retarde la première récolte et épuise la souche, *Yonne*, III, 140 – 142.

TAILLE EN VERT réduite à l'ébourgeonnage à Ambérieux, *Ain*, II, 350 ; — à Cernon (canton de Jujurieux), on enlève les feuilles de dessous les raisins, II, 353 – 354 ; — nulle à Treffort et Ceyzériat et dans tout le Revermont ; «cependant on y a «constaté que le rognage seul a doublé «la récolte,» II, 358 – 359 ; — très-négligée, excepté à Saint-Pourçain et à Chantelle, *Allier*, III, 165 ; — on n'en opère qu'une à peu près dans l'*Ardèche*, II, 88–89 ; — dans l'*Ariége*, I, 307 ; — à peu près nulle à Limoux, *Aude*, I, 262 ; — complète chez M. Bonnefoy-Sicre, a eu un entier suc-«cès, a hâté la maturité et augmenté le «rendement,» *Aude*, I, 267 ; — com-«ment elle doit se faire ; nombre de «journées qu'elle exige et sa dépense ; «peut doubler la récolte,» *Aveyron*, II, 51 – 52 ; — aux *Bouches-du-Rhône*, I, 191 ; — complète facilite le soufrage et la destruction de l'oïdium, I, 198 ; — aucune n'est faite dans la *Charente*, II, 457–458 ; — «ou «épamprage, est la première condi-«tion de la fécondité, de la salubrité «et de la prospérité de la vigne,» *Charente-Inférieure*, II, 480 ; — «se com-«pose de quatre opérations destinées, «après la taille en sec, à faire produire «le plus de raisins possible ; ce sont : «l'ébourgeonnage, le pinçage, le ro-«gnage et l'effeuillage. L'ébourgeon-«nage fait grossir la charpente du cep, «le pinçage prévient la coulure, le ro-«gnage fait grossir le raisin, fortifie

« les bois de charpente et les rend fruc-
« tifère pour l'année suivante ; il favo-
« rise la maturité du raisin et empêche
« la pourriture qu'amène l'humidité de
« septembre, » II, 479 à 480.

TAILLE en vert ; on en fait trois à Beaulieu, *Corrèze*, II, 127-128 ; — à
Corte, *Corse*, I, 140 ; — époques
de ses différentes opérations, I,
161 ; — imparfaitement conduite
dans la *Dordogne*, I, 544 ; — con-
tribue à maintenir la symétrie de
la plantation ; est nulle dans le
Gard, 220-221 ; — une seule (l'effeuillage) est pratiquée à Toulouse
avant la vendange, *Haute-Garonne*, I,
322 ; — nulle, à l'exception de l'effeuillage avant la vendange, ce qui amène
la déformation des ceps par les gourmands, *Gers*, I, 371 ; — ébourgeonnage
avant la floraison, rognage avant le
passage des charrues, puis refait une
seconde fois à la fin d'août ; effeuillage
abondant ; conseils à ce sujet, *Gironde*,
I, 454 ; — réduite à l'ébourgeonnage
primitif dans l'*Hérault*, I, 245 ; —
dans l'*Indre*, II, 571 ; — généralement
nulle ou considérablement réduite,
faite seulement en considération du
fourrage qu'elle produit, *Indre-et-
Loire*, II, 657 à 665 ; — exactement suivie chez M. le marquis de
Quinemont, II, 678 ; — très-incomplète en *Loir-et-Cher*, II, 699 ;
— nulle à Paimbœuf et Saint-Brévin, *Loire-Inférieure*, II, 595 ; —
se borne à l'effeuillage en *Lot-et-Garonne*, I, 421 ; — « cependant l'impor-
« tance de son produit se monte à envi-
« ron 2,500 kilogr. de fourrage par
« hectare, » I, 426 ; — préservatrice de
la coulure et de l'oïdum, *Lozère*, II,
69 ; — se réduit à deux ébourgeon-

nements dans *Maine-et-Loire*, II,
624.

TAILLE en vert ; des quatre opérations l'é-
bourgeonnement seul est pratiqué dans
le *Puy-de-Dôme*, II, 179-180 ; — le
nouage des pampres en berceau a pour
résultat, étant fait entre les deux séves,
de rabattre les derniers efforts de la séve
sur la partie inférieure des sarments ;
le rognage, qui devrait le remplacer,
aurait pour résultat de fournir 250 gr.
de fourrage par cep, soit environ
2,500 kilog. par hectare, II, 180-181 ;
— deux seules, l'ébourgeonnage et
l'effeuillage, sont pratiquées dans les
Basses-Pyrénées, I, 348 ; — nulle aux
Pyrénées-Orientales, I, 278 ; — « ne pas
« toucher aux pampres du 15 juillet au
« 25 août, » *Haut-Rhin*, III, 262 ; — se
fait avec soin à Champlitte, *Haute-
Saône*, II, 418-419 ; — à peu près
nulle dans *Saône-et-Loire*, III, 50 ; —
dans la *Sarthe*, III, 553-554 ; — réduite à l'ébourgeonnage et à l'effeuillage en *Savoie*, II, 288 ; — complète donnerait de la nourriture au
bétail et augmenterait le rendement en
raisin, II, 288-289 ; — trop tardive,
incomplète ou nulle dans le *Tarn*,
II, 19-20 ; — imparfaitement conduite dans *Tarn-et-Garonne*, I, 392-
393 ; — dans le *Var*, I, 84-86 ; —
n'existe pas dans la *Vendée*, II, 512 ; —
très-négligée ou nulle dans la *Vienne*,
II, 555 ; — courte, de printemps,
d'été et d'automne, sans aucun long
bourgeon qui puisse jamais donner un
long sarment succédant à une taille
sévère d'hiver, telle est la taille de
M. Trouillet ou à la Titus, *Vosges*,
III, 292-295.

TARAVELLE, barre pour planter la vigne à
Montbrison, *Loire*, III, 23.

Température « élevée des raisins mis dans « la cuve, en accélérant la fermenta- « tion, augmente la coloration, » *Alpes-Maritimes*, I, 33.

Terrage « au moyen des terres provenant « du provignage établit des irrégula- « rités de sol très-incommodes dans les « vignes ; l'apport de terres étrangères, « quelles qu'elles soient, est préférable, « et assure la réussite des plantations de « vigne dans les terrains déserts et de « peu de valeur, » *Allier*, III, 165-166 ; — à peine pratiqué là où il serait fa- cile et peu coûteux ; se fait avec une hotte particulière dans l'*Ardèche*, II, 89 ; — très-fréquent dans le vignoble de Bar-sur-Aube ; on va chercher les terres à 800 mètres, *Aube*, III, 98, 106 ; — peu fréquent à Limoux, qui, ce- pendant, possède de magnifiques mi- nières de terre, *Aude*, I, 263 ; — pra- tiqué dans le Sancerrois en remontant la terre des coteaux ; peu usité, *Cher*, III, 191 ; — devrait être employé à Argentat, *Corrèze*, II, 125 ; — en re- montant les terres tous les six à huit ans dans la *Côte-d'Or*, III, 73 ; — des vignes occupe les ouvriers l'hiver : 100 mètres cubes suffisent à un hec- tare pendant cinq ans, *Gard*, I, 223 ; — pratiqué un peu dans le *Gers*, I, 371 ; — tous les quatre à cinq ans, on remonte du bas en haut la terre des coteaux à Vouvray, *Indre-et-Loire*, II, 664 ; — copieux dans le *Jura*, en provignant et en faisant des fosses ; inconvénients, II, 375 ; — très-fré- quent à Blain, *Loire-Inférieure*, II, 600 ; — terrage abondant dans *Lot-et-Garonne*, I, 427 ; — fait la prospé- rité des bons vignobles des Hautes-Alpes, serait plus facile et plus avanta- geux dans la *Lozère*, II, 71.

Terrage. Pratiqué très-énergiquement à Thiaucourt avec la marne tous les vingt-cinq ans, à raison de 1,000 tombereaux par hectare, *Meurthe*, III, 311 ; — on remonte les terres du pied à la tête des vignes dans tous les vignobles, *Puy-de-Dôme*, II, 185 ; — pratiqué dans les *Basses-Pyrénées*, I, 353 ; — très-usité à Aire, *Tarn*, II, 11-12 ; — devrait se faire à raison de 250 mètres cubes par hectare tous les dix ans dans *Tarn-et-Garonne*, I, 393 ; — rare où cependant il serait le plus facile et le plus avantageux, *Vendée*, II, 503 ; — très-suivi à Coulange, *Yonne*, III, 137.

Terrains volcaniques paraissent donner de la précocité à la vigne, *Cantal*, II, 117 ; — « influence de leur nature « sur la durée de la vigne : 25 ans « dans les grès blancs, 50 ans dans « les calcaires magnésiens, indéfini- « ment dans les calcaires du lias, » *Cor- rèze*, II, 134 ; — vastes où la vigne pourrait être cultivée, *Marne*, III, 361-363 ; — à Chenevière, excellents sans pierre ; — plantés en vigne, donnent énergiquement du bois jusqu'à douze ans pour périr à vingt, *Haute-Saône*, II, 419 ; — influence de leur nature sur les cépages et leur vin, *Haute-Vienne*, II, 141.

Terrasses (Plantations en), *Ardèche*, II, 78-81 ; — *Pyrénées-Orientales*, I, 274 ; — des coteaux du *Rhône*, III, 9 ; — dans le *Var*, I, 77.

Touraine ; ses avantages, *Indre-et-Loire*, II, 643-646.

Treille de muscat blanc, immense, sans maladie, à Jasseron, *Ain*, II, 355 ; — des environs de Troyes ; spécialité très-bien entendue et des plus fertiles, .

Aube, III, 113-116; — disposant d'un mètre cube de terre, peut couvrir 8 à 10 mètres superficiels; les vignes en treille de Lavaux (Suisse) ont une valeur foncière énorme.

TREILLE de Massiac, *Cantal*, II, 116; — de la Teste, 70 centimètres de circonférence, au milieu de son tronc, sur 3 mètres de hauteur; végétation vigoureuse et longévité, *Gironde*, I, 453; — treille haute de 10 mètres d'envergure, portant vingt branches à fruit de 1 mètre et plus, de chacune 15 à 20 yeux et de 150 à 200 ans, *Isère*, II, 263; — les vins qu'elles donnent provenant de raisins d'étages différents et d'inégale maturité sont toujours inférieurs : l'oïdium les écrase, II, 258.

TUBE DE COMPRESSION destiné à rendre visible le degré de plein des barriques en cave, *Aube*, III, 108-109.

V

VAINE PÂTURE, abolie en *Corse*, I, 102.

VAISSEAUX VINAIRES gardés jusqu'à ce que l'âge les détruise, ce qui nuit à la saine conservation du vin, *Ain*, II, 354; — en mélèze, donnent un petit goût de résine qui disparaît au bout de deux ans; durent des centaines d'années, *Hautes-Alpes*, II, 216-217; — vieux, moisis, dans la *Charente-Inférieure*, II, 493; — neufs à Bergerac, *Dordogne*, I, 532; — «moyen «de les rajeunir avec de la sciure de «bois; procédé Ollery, à Roville,» *Meurthe*, III, 316; — de 3 à 8 hecto-litres, en *Savoie*, II, 293.

VÉGÉTATION; plus vigoureuse en bois dans les terrains argilo-calcaires (*varennes*) et meilleure en fruits dans les terres calcaires mélangées d'une forte proportion de pierres oolithiques ou fragments de craie-tuffau sur bancs oolithiques ou crayeux et à failles gé-néralement pénétrées par les racines de la vigne, *Charente-Inférieure*, II, 470; — «son luxe n'est pas accompagné «par une fructification correspondante «toutes les fois que la taille d'hiver «sera trop restreinte; les yeux laissés «lancent des pampres trop forts, qui «emportent le raisin par la coulure. A «côté de pousses verticales existantes «d'une vigne taillée à cinq yeux et «ne donnant presque pas de fruits, «une autre vigne, à cordons horizon-«taux de 1^m,50 à 2 mètres, portant «vingt à trente yeux, était chargée de «fruits,» *Cher*, III, 195.

VÉGÉTATION naturelle, *Corse*, I, 106-108; — «non-seulement l'expan-«sion qu'on lui donne accroît la fé-«condité de la vigne, sa vigueur et «sa durée, mais encore la hauteur «qu'on donne à sa tige augmente «notablement toutes ses facultés; on «dirait qu'au rebours des lois de «l'hydraulique, la plupart des vé-«gétaux arborescents élèvent d'autant «plus facilement l'eau de la terre que «leur séve ascendante représente une «colonne liquide plus verticale et plus «haute,» *Dordogne*, I, 519-520; — son exubérance chez le trousseau et le pulsart, toutes choses égales d'ail-leurs, *Doubs*, II, 400-401; — «sa «direction verticale en arboriculture et «en viticulture donne le maximum de «bois et le minimum de fruits, et la «direction horizontale le maximum de

« fruits et le minimum de bois, » I,
439.

Végétation. Le Médoc et les Graves s'accor-
dent à ne mener leur taille qu'oblique-
ment à 45 degrés, I, 439 ; — « celle de
« la vigne est destinée, par la nature, à
« prendre une expansion plus grande
« que celle d'aucun autre végétal ; fécon-
« dité, vigueur et longévité des vignes
« sur arbres et haies, en treilles et
« treillons, comparées à celles des vi-
« gnes basses à coursons ; moins on
« laisse d'expansion végétale à la vigne,
« plus on l'affaiblit, plus on la stérilise,
« plus on abrége son existence », I,
476-477 ; — d'un chêne dans un terrain riche et profond sera gigantesque,
et naine sur une roche aride ; néanmoins, toutes conditions égales d'ailleurs, on obtiendra toujours son maximum par la taille la plus généreuse possible, Gironde, I, 482-488 ; — naturelle, son aspect ; paralysée partout où
le mistral peut souffler, Var, I, 64-65.

Vendange : dans l'Ain, II, 364 ; — trop
prolongée, malgré des améliorations ;
association entre vignerons pour l'ac-
célérer à Lagnieux près Ambérieux,
II, 360 ; — faite avec le plus grand
soin, Basses-Alpes, I, 57 ; — dans les
Alpes-Maritimes, I, 30, 49-50 ; —
dans l'Ardèche, II, 96 ; — avec égrappage, Aude, 263 ; — dans les Bouches-
du-Rhône, I, 191 ; — à Cognac et Angoulême, Charente, II, 489 ; — « beau-
« coup trop tôt ; doit coïncider avec le
« moment où le raisin contient le plus
« de sucre, ce que permet de constater
« l'emploi du gleucomètre, » Charente-
Inférieure, II, 490-492 ; — à Argentat, Corrèze, II, 126 ; — à Beaulieu, à la chaleur du jour pour activer
la fermentation, II, 131.

Vendanges à Bastia, Corse, I, 126,
127 ; — à Corte, Corse, I, 141 ; — à
Ajaccio, Corse, I, 148 ; — « préceptes
« complets, » I, 171-178 ; — manière déplorable suivant laquelle les
vendangeurs sont traités dans l'Yonne,
la Côte-d'Or, etc., engagés sur la place
publique pour la journée seulement ;
conséquences de cette conduite, Côte-
d'Or, III, 145-148 ; — très-tardive à
Bergerac, Dordogne, I, 529 ; — dans
le Doubs, II, 405-407 ; — à l'Hermitage, Drôme, II, 236-237 ; — dans
le Gard, I, 223 ; — dans la Gironde,
I, 456 ; — en deux fois à Saint-Émilion, les raisins malades d'abord, les
bons ensuite ; on n'égrappe pas, I,
502 ; — hâtive, expérience de M. Ca-
salis-Allut dans l'Hérault, I, 251 ; —
dans Indre-et-Loire, II, 664-666 ;
— dans l'Isère, II, 264 ; — dans le
Jura, II, 389 ; — en septembre dans
les Landes, I, 360 ; — dans la Haute-
Loire, II, 109 ; — dans la Lozère, II,
71 ; — se fait en deux fois à Saumur,
les raisins sont blettis ; à Angers en
une fois, Maine-et-Loire, II, 637-
638 ; — dans la Marne, III, 401-
402 ; — dans le Puy-de-Dôme, II, 187 ;
— en deux et trois fois dans les Basses-
Pyrénées, I, 348 ; — au commencement d'octobre, Pyrénées-Orientales,
I, 279 ; — vendue en partie à l'état
de moût, Haute-Saône, II, 428 ; —
dans la Sarthe, III, 550 ; — « des
crosses d'Évian avec échelles devraient
être faites en deux ou trois fois, les
raisins du sommet sont, pour leur maturité, de 6 à 9 jours en retard sur
ceux du bas, » Haute-Savoie, II, 323 ;
— à Niort et à Melle, Deux-Sèvres,
II, 526-527 ; — « discussion sur
« l'époque convenable pour la faire sui-

« vant les cépages et la qualité recher-
« chée dans les vins, raisins blettis, Châ-
« teau-Iquem et Sauterne, » *Tarn*, II,
13-15.

Vendanges : même sujet, *Tarn-et-Garonne*, I, 407 ; — dans le *Var*, I,
92-93 ; — dans le *Vaucluse*, I, 214 ;
— prématurée du Limousin, l'une des
causes de l'infériorité de ses vins,
Haute-Vienne, II, 141 ; — à Auxerre,
Yonne, III, 134.

Verges ; « plus elles sont longues, mieux
elles échappent à la gelée ; on a vu
« les bourgeons latents repousser jus-
« qu'à trois fois sous trois gelées suc-
« cessives ; il y a toujours plus de rai-
« sins sur les sarments poussés le plus
« haut sur le cep ou le plus avant
« sur la ploye (verge) », *Ardennes*, III,
381-382 ; — « vignes datant de
« 1782, à verges d'une grande fécon-
« dité et d'une grande vigueur, quand,
« à côté d'elles, d'autres à courson leur
« étaient bien inférieures et à peu
« près stériles, » *Cher*, III, 202 ; —
piquées en terre, préservées de l'oïdium, *Corrèze*, II, 125 ; — « portant
« 12 à 15 yeux au moins, laissées flot-
« tantes jusqu'à la fin de mai, sont de
« vrais sarments de précaution contre la
« gelée, puis sont appuyées à terre par
« une ou deux mottes pour y prendre
« racine et donner du plant, » *Eure-et-
Loir*, III, 520-521 ; — à Brioude,
reste libre et n'est repliée en cercle
que lorsque l'époque des gelées est
passée, *Haute-Loire*, II, 104 ; —
« son inclinaison au-dessus de l'hori-
« zontale a été reconnue meilleure que
« l'horizontale, à Saumur et à Saint-
« Émilion, » *Maine-et-Loire*, II, 626 ;
— « son influence sur la qualité du
« vin qu'elle produit comparée à celle

« du vin fourni par les coursons ; dis-
« cussion à ce sujet, » II, 626-629.

Verges. Les vignes qui en portent sont
d'une vigueur et d'une fécondité remarquables, *Sarthe*, III, 553.

Versadi ; leur emploi dans les vignes
blanches de l'*Allier*, III, 163 ; — employés avec succès pour le remplacement des ceps, sont très-précoces et
très-fertiles, *Charente-Inférieure*, II,
484-486 ; — employés dans les Charentes et l'Allier pour remplacer les
ceps morts voisins, *Corse*, I, 167-168 ;
— parfaitement réussis chez le docteur
Guilbert, à Coulaure, et chez M. Valabrègue à Ars, *Dordogne*, I, 560-
562 et 564 ; — plant enraciné la tête
en bas, ce qui nourrit le raisin, et le
cep donne les replants les plus beaux
et les plus fertiles, *Deux-Sèvres*, II,
538.

Viande ; ses qualités relativement aux ali-
ments qui ont servi à la former, *Vendée*, II, 514-515.

Vigne : compte de ses frais d'entretien
annuel dans l'*Aisne* ; modifications à y
faire, III, 442-443 ; — « de quarante
« ans, à simple et double archelet, avec
« des bois magnifiques et des fruits en
« abondance ; à cet âge, les vignes à
« coursons touchent à leur fin, » *Allier*,
III, 159 ; — son importance financière
comparativement aux cultures aux-
quelles elle est associée dans les jouelles,
III, 159-160 ; — peut être établie
sur une superficie quintuple de celle
qu'elle occupe actuellement ; profit qui
en résulterait pour les autres cultures,
Hautes-Alpes, II, 210-211 ; — son
influence sur le nombre d'individus
propres au service militaire, II, 214 ;
— pleine ou avec cultures intercalaires,
Alpes-Maritimes, I, 47-48.

Vigne à planter dans les terres de la Crau; dépenses et revenus, *Bouches-du-Rhône*, I, 182-184; — «peut «être rétablie à Aurillac, où il y en «avait autrefois, surtout en em-«ployant les pineaux, les meuniers «et les morillons hâtifs placés sur les «terrains volcaniques, qui donnent une «précocité qui ferait défaut sur les ter-«rains siliceux et argileux,» II, 117; — végète vigoureusement dans les terrains siliceux de la Sologne, *Cher*, III, 194; — «vieille; comment on «peut la restaurer;» exemples, *Corse*, I, 169-170; — peut être cultivée dans les meilleures conditions sur le cinquième de la Corse, I, 109; — «refuse de donner des fruits sous les «mutilations d'une taille trop courte, «lance des jets de plusieurs mètres par «le petit nombre d'yeux qu'on lui «laisse, crève la peau de ses pieds par «des gourmands stériles, et, malgré les «obstacles que les tailles et retailles «opposent à la circulation de la séve, «finit par donner quelques fruits, *Dordogne*, I, 512-513; — de Saint-Cyprien, I, 545; — vieille de M. Marcon à la Mothe-Montravel, presque tuée par la taille courte, ressuscitée par la taille longue, I, 552-554; — «arrachée et transplantée est, finan-«cièrement parlant, une mauvaise «spéculation,» I, 567-568; — dans les bonnes terres et les vignes fortes *taillées court*, les ceps refusent souvent de donner autre chose que du bois jusqu'à la douzième ou quinzième année, I, 567; — à cordon et à cot peut donner de bons résultats dans certains sols avec les cépages qui aiment la taille courte, comme le chasselas, le gamay, le grenache, le fert, etc., tandis que les cots, les pineaux, les mesliers, les carbenets, les muscats, etc., s'ac-commodent mieux de la taille à courson et à aste. Cette dernière taille a toutes les propriétés de la taille à long bois sur souche, et l'autre représente exac-tement la taille courte sur souche; I, 568-569.

Vigne de Michel-Montaigne, Corbiac, Monbazillac, Planque, Campagne, la Bachellerie, Sorge, Puyferrat, Coulaures, Brantôme, Ars, Connezac, Gouts-Rossignol, Malines, Ponteyraud, Saint-Médard-de-Mussidan, Saint-Front-de-Pradoux, etc., I, 557-576; — son rôle économique dans l'*Hérault*, I, 253-254; — basse à Grenoble, *Isère*, II, 251-253; — en lisse basse à Grenoble, II, 254; — «de toutes les méthodes à Beaure-«gard, au-dessus de Grenoble, comptant «deux cents ans d'existence,» II, 254-258; — en lisses basses; discussion à leur sujet; modes de conduite et de taille qui en montrent la perfection, II, 259-261; — en Sologne, dé-penses d'installation et de culture; revenus, vins et eau-de-vie, *Loir-et-Cher*, II, 717-720; — influence dé-favorable du calcaire sur sa longévité à Pithiviers, *Loiret*, III, 219; — complantée de pruniers à Agen, I, 420-421; — transforme un revenu de 3,000 francs en 20,000 francs, *Lot-et-Garonne*, I, 422-423; — n'est l'objet d'aucun enseignement; résultat fâcheux de cet état de choses, *Haute-Marne*, III, 356, 361-363; — est l'objet de tous les soins, de toutes les préoccupations, de toutes les affec-tions, elle est reine à Toul, *Meurthe*, III, 317-318; — son importance financière comparée à celle des autres

cultures dans l'exploitation de la terre du Thil et dans celle de Longsard, *Rhône*, III, 16-18.

VIGNE. Terrains d'une étendue considérable, d'une valeur minime, propres à sa plantation, *Haut-Rhin*, III, 247-248; — la *Sarthe* diminue plutôt les siennes; causes de cet état : ignorance et provignage indéfini, III, 547; — d'Aïsse, leur création et leur résultat financier, *Haute-Savoie*, II, 337; — comparée aux autres cultures, *Tarn-et-Garonne*, I, 379-381 : — dans le *Var*, I, 63-64; — résultat financier obtenu par sa culture, I, 96; — «résultats phy-«siques, moraux, alimentaires et hy-«giéniques qui découlent de sa cul-«ture,» I, 97-98; — son ancienneté; édit de Donatien en l'an 9e après J. C. qui prescrivit d'en arracher la moitié, *Yonne*, III, 121; — causes de son abandon : l'introduction de cépages communs et l'intérêt du vigneron, journalier ou tâcheron, à s'opposer à une culture perfectionnée, les mauvaises manœuvres de toute sorte des spéculateurs intermédiaires, III, 124-128.

VIGNERON. Difficultés pour s'en procurer; la main-d'œuvre a triplé de valeur depuis 30 ans, *Aisne*, III, 444-445; — récolte tout ce qu'il consomme, blé, fourrage, racines, légumes, fruits, lait, viande, œufs, etc., *Loiret*, III, 218-219; — conduite de M. de Glavenaz pour en avoir de bons, *Rhône*, III, 18-20; — «à la tâche ou à la «journée, ôte le plus de vieux bois pos-«sible pour se chauffer et fait le plus «de provins qu'il peut parce que c'est «un travail d'hiver qui lui est payé à «part,» *Yonne*, III, 125-126.

VIGNERONNAGE en Beaujolais; «sa descrip-«tion et son fonctionnement, son «influence sur la richesse privée et «publique et sur l'importance de la population,» *Rhône*, III, 11-16; — bâtis par MM. Driard et Anseaux à Beaune-la-Rolande, *Loiret*, III, 220.

VIGNETTES de la *Haute-Loire*, II, 100-102.

VIGNOBLE vaste et beau à Ceyzériat (*Ain*), en gamay dans la plaine de Montluel et en vignes pleines à 1 mètre au carré, II, 365; — du département des *Hautes-Alpes*, II, 214; — de Tournon, de Saint-Péray, de Baume, de Cornas comme les meilleurs de l'*Ardèche*, II, 91; — de Bar-sur-Aube, leur beauté en approchant de la ville, *Aube*, III, 95-96; — de Bar-sur-Seine, III, 100-107; — des Riceys, leur décadence, III, 107-111; — de Troyes, ses cépages, III, 111-117; de M. le comte de la Loyère, *Côte-d'Or*, III, 69-70, 84, 85, 86; — de la *Dordogne*, I, 511, 523-524; — de Monbazillac, I, 529; — «considéra-«tions économiques sur leurs frais «d'établissement, d'entretien, d'ex-«ploitation et leurs produits,» I, 532-536; — du *Doubs*, II, 394-395; — de Miserey se distingue par le cépage dit savagnin jaune, qui le peuple en totalité ou partiellement, II, 408; — de Quingey donne de bons vins, II, 411; — d'Ornans, conduite de la vigne, II, 411-412; — de Baume-les-Dames, II, 413; — de tokay princesse du docteur Beaumes à Saint-Gilles, *Gard*, I, 216; — de Saint-Émilion, *Gironde*, I, 489; — de Lunel, Frontignan et Maraussan, *Hérault*, I, 247; — de 112 hectares créé aux Lagnys, *Indre*, par le baron

Bertrand, ses résultats, II, 577 à 579; — de 120 hectares créé à Brion par M. de Saint-Lary, résultats (taille verte nulle), II, 579-580; — de 45 hectares par M. Pomiès, II, 580; — de la Dorée, comte Odart, *Indre-et-Loire*, II, 680-681; — de M. Galais à Saint-Cyr-sur-Loire; compte des dépenses et recettes pour l'établissement d'un hectare de vignes palissées sur fil de fer à la taille type de 1861 à 1865, II, 673-675; — leur culture empruntée aux départements voisins : à Grenoble culture de la Savoie, à Virieu et à la Tour-du-Pin culture et cépages de l'Ain et du Jura, à Vienne conduite du Lyonnais, de Condrieu, des Côtes-Rôties, à Saint-Marcellin cépages et conduite de la Drôme, *Isère*, II, 247-249; — de la côte Saint-André, arrondissement de Vienne, II, 268-270; — aucune circonscription de France ne fait plus de sortes de vins naturels, ayant chacune une valeur réelle et un cachet distingué, que le *Jura*, II, 370-371; — de la Charmoise à branche à bois et branche à fruit, excellente récolte, *Loir-et-Cher*, III, 721-722; — du marquis de Ruolz à Alleret, arrondissement de Brioude, à 550 mètres au-dessus de la mer, sur sol volcanique et même de pouzzolane pure, rendant 45 hectolitres à l'hectare, *Haute-Loire*, II, 111; — de *Lot-et-Garonne*, I, 419-420; — distingués de *Maine-et-Loire*; leur énumération; Saumur en est le marché principal, II, 615; — sa valeur foncière tend à diminuer malgré l'augmentation de la valeur de son produit, la main-d'œuvre faisant défaut, *Marne*, III, 429-430; — la commune de Saint-Denis d'Anjou est la seule qui en possède dans la *Mayenne*, III, 565.

Vignoble de Thiaucourt, *Meurthe*, III, 308-313; — de Pagny, *Meurthe*, III, 314; — de Roville, M. Ollery, *Meurthe*, III, 316; — de Toul, *Meurthe*, III, 316-317; — de M. Lanternier à Guenétrange; tous les cépages fins y sont cultivés séparément, *Moselle*, III, 334-335; — de Jurançon, *Basses-Pyrénées*, I, 352; — de Rivesaltes, société pour la vente des vins, *Pyrénées-Orientales*, I, 283-284; — de Gy, tenu avec beaucoup de régularité et de soin; même tenue dans l'arrondissement de Gray, à Arc et à Maison-du-Bois, *Haute-Saône*, II, 420-424; — remarquables par l'excellente qualité de leurs vins ordinaires et de consommation courante, en rouge et en blanc, et dont le commerce est concentré à Mâcon, *Saône-et-Loire*, III, 27-28, — de M. Fleury-Lacoste, à Cruet et au Colombier, conduits à la taille type, *Savoie*, II, 295; — du *Tarn*, II, 18-19; — de Condorcet-la-Nerthe, *Vaucluse*, I, 211.

Vin des vignes basses est seul bon, celui des treilles et treillons est de qualité inférieure, *Ain*, II, 347; — du haut Bugey, analogue au petit médoc, II, 349; — sa consommation à Treffort (*Ain*) est dix fois plus forte que son exportation; sa nécessité pour combattre les fièvres des Dombes, II, 355; — de Ceyzériat, provenant de moitié mescle (pulsart) et moitié chétuan (mondeuse), II, 365; — blanc de Seyssel fait avec la roussette, II, 368; — est léger et parfois très-agréable à boire dès la première année, qui est le meilleur temps de sa consommation; pourrait, avec des modi-

fications de cépages et de conduite, servir à faire du vin de Champagne, *Aisne*, III, 441-442.

Vᴉɴ de la Gaude, *Alpes-Maritimes*, I, 31; — de Bellet, I, 31; — de Nice, I, 50; — de Manosque, de Valensolle, des Mées, remarquable, I, 57; — prix de ceux de l'arrondissement de Tournon, *Ardèche*, II, 97; — types de bons vins de table, *Ariége*, I, 307; — son usage *alimentaire* a pour résultat d'augmenter le travail de l'ouvrier, de le civiliser et de l'éloigner de l'ivrognerie, *Aude*, I, 258-259; — rouge et blanquette de Limoux, I, 260; — de la région des oliviers sont moins admis que celui des climats plus tempérés de la France, comme boisson courante abondante alimentaire, I, 261-262; — des *Bouches-du-Rhône*, I, 197; — «son «usage, substitué à celui de la bière «dans une agglomération de plusieurs «milliers d'ouvriers à Liancourt (Oise), «a produit une augmentation notable et «constatée officiellement dans la quan- «tité et la perfection du travail,» *Cantal*, II, 117; — de folle jaune; traitement qu'il faut lui faire subir pour lui donner de très-bonnes qualités; de colombar lui est encore supérieur, *Charente*, II, 462; — peut en produire de très-bon, surtout avec les cépages de la Gironde, *Charente-Inférieure*, II, 481-482; — à Argentat peu alcoolique; les petits gamays du Beaujolais devraient figurer dans les cépages pour des terrains à schistes, *Corrèze*, II, 125; — à Beaulieu, 25 francs l'hectolitre, II, 131-132; — de Brives se garde peu et tourne facilement, II, 135; — de la *Corse*, I, 105; — blancs du cap Corse, I, 127.

Vᴉɴ. Sa confection et soins à lui donner, I, 173-176; — considérations à son sujet; récolte moyenne, *Côte-d'Or*, III, 57-63; — «de provins de pre- «mière et deuxième année est de qua- «lité inférieure et entre cependant pour «plus d'un septième dans la récolte to- «tale à laquelle il est mélangé en di- «minuant sa qualité,» III, 65; — «des «différents membres d'un cep est iden- «tique,» III, 65; — «procédés pour le «garantir de toute altération lors de «l'expédition en fûts ou en bouteilles,» III, 91; — provenant de hautains in- férieurs à ceux des vignes basses, *Dordogne*, I, 522; — son classement par Julien, I, 523-524; — à eaux-de- vie de très-grande qualité sur la fron- tière de la *Dordogne* et de la *Charente*, I, 524-525; — de pineau, de syra, de muscat, de tokay, ont un cachet invariable parce qu'il résulte d'un seul cépage, I, 529; — sa faculté nutritive constatée dans un ordinaire d'ouvriers, dont la dépense est par jour à 60 centimes quand le vin y figure, à 70 centimes quand il n'y figure pas, I, 564-565; — du *Doubs*, II, 407; — de l'Hermitage, d'une solidité et d'une longévité remarquables dues au cépage, la petite syra, vin rouge, et à la roussane, vin blanc, *Drôme*, II, 237; — de Crest, II, 241; — celui de Vernon offre 9 à 10 degrés d'al- cool; dureraient plus longtemps s'ils cuvaient trois à huit jours au plus, *Eure*, III, 544; — bonne qualité de celui de la *Haute-Garonne*, I, 322; — la viticulture, la vinification et le com- merce des vins sont portés à la plus haute perfection pratique dans la *Gironde*, I, 430; — blanc : règles à suivre pour en faire de bon, I, 457-458.

Vin de Saint-Émilion, I, 489; — il s'y produit toutes les variétés, *Hérault*, I, 247 - 250; — conditions de son logement, I, 252-253; — muscat de Lunel, Frontignan et Maraussan, I, 247; — des différents vignobles comparé aux cépages qui le produisent, *Indre*, II, 573-574; — de Joué, Bourgueil, Vouvray, *Indre-et-Loire*, II, 665 - 666; — de la côte Saint-André, *Isère*, II, 270; — de Vienne, le meilleur de l'Isère, II, 274 - 275; — «celui de treilles à «plusieurs étages ne donnant que des «maturités successives pouvant différer «de trois semaines ne peut être bon,» II, 258; — énumération de dix variétés de vin fournies par le *Jura*, II, 370-371; — des sables et de Cap-breton excellents, *Landes*, I, 361; — des Chalosses, I, 364; — du Cher, sa qualité, cépages qui le produisent, *Loir-et-Cher*, II, 689-691; — blanc de la côte des Noëls, II, 889; — de Brioude ne peut se garder en raison des mauvais procédés de vinification, *Haute-Loire*, II, 110; — rosé délicieux d'Alleret à 25 kilomètres de Brioude, chez M. le marquis de Ruolz et M. de Saint-Féréol; de vingt-quatre heures de cuvaison, II, 110-111; — blanc seulement dans la *Loire-Inférieure*, II, 605; — de Nérac, *Lot-et-Garonne*, I, 424; — blanc jouit d'une réputation méritée, *Maine-et-Loire*, II, 611; — condition d'existence d'un marché aux vins, II, 615 - 616; — mousseux de l'Anjou, II, 637 - 641; — *pour la mer et pour Paris, Maine - et - Loire*, II, 616; — influence fâcheuse des verges sur sa qualité et qui se résume par une diminution d'un hui-

tième sur le prix, II, 626-628.

Vin de Champagne, *Marne*, III, 385 - 386; — sa valeur dans le même terrain suivant les cépages qui le produisent, III, 389; — son collage, III, 403; — rouge de la *Champagne*, III, 407; — de pays, ses avantages, moins coûteux que les vins extérieurs, se boit dans la famille, exclut le cabaret et complète le cercle de la production alimentaire locale, III, 517; — gris ou rosé, seul de bonne garde, *Haute-Marne*, III, 371; — de pelle, à Thiaucourt, *Meurthe*, III, 313 - 314; — de Jurançon, son prix, *Basses-Pyrénées*, I, 352-353; — «de Vicbille,» I, 353; — des *Hautes-Pyrénées*, I, 343-344; — «de commerce : sa «coloration d'une intensité extraor-«dinaire; ajouté à six fois son volume «d'eau, conserve encore une couleur «égale à celle des vins rouges de Bour-«gogne et du Beaujolais,» *Pyrénées-Orientales*, I, 280-281; — fins de Banyuls et Rivesaltes, leur adultération, I, 280-282; — industriel des *Pyrénées - Orientales*, I, 284-285; — blanc et cépages qui le produisent : le rouge n'entre que pour un cinquantième dans la production, ne s'y conserve pas; causes probables de cet inconvénient, *Haut - Rhin*, III, 243-245; — «revient à 25 francs l'hecto-«litre au propriétaire faisant travailler «des mercenaires, et à 17 francs au vi-«gneron-propriétaire; résultat analo-«gue pour le tabac,» III, 251-252; — de Vesoul de fins cépages, d'une grande délicatesse et de beaucoup d'agrément, quelquefois de peu de durée par suite de cuvaison trop prolongée et vieux fûts mal conservés, *Haute-Saône*, II, 428-429.

Vin des vignes en hautains moins bon que celui des vignes basses, quoique ce soit le même cépage; pineau blanc, vendangé quinze jours plus tard pour avoir sa parfaite maturité, *Saône-et-Loire*, III, 48 – 50; — remarquable de Château-du-Loir et de la Chartre et autres, *Sarthe*, III, 546–547; — cépages qui le produisent : de Prinsens, a de riches qualités, est produit par le persan, se fait attendre douze à quinze ans et mieux encore vingt-cinq ans; celui de Hibou est agréable au bout de quelques mois, *Savoie*, II, 291; — là où il est bon et vendable, la main-d'œuvre est abondante et à bon marché, il n'y a pas d'émigration, II, 294; — de la *Haute-Savoie*, II, 305 – 306; — de l'arrondissement d'Annecy, II, 336 – 337; — de Musiége, récolté sur l'asphalte pur, très-fin et très-agréable, II, 335; — son usage alimentaire (demi-bouteille de blanc le matin et demi-bouteille de rouge le soir) accompagne très-bien la longévité (quatre-vingt-six ans et demi), *Deux-Sèvres*, II, 536; — du *Var*, I, 93; — de Bellac est plutôt de la limonade, que du vin : ne doit son infériorité qu'à ce que les cépages ne sont pas appropriés au sol granitique et sont trop nombreux; n'a que quatre à cinq degrés d'esprit; celui de Saint-Victurnien-Pagnac, Verneuil et Saint-Junien, sept à huit, *Haute-Vienne*, II, 141 – 142; — de Bretonneau et de Coni, pur et vendangé bien mûr, est excellent, se garde bien et rappelle les saint-émilions de 3ᵉ classe, II, 151; — gris se garde bien et est plus généreux que les vins rouges parce qu'il a peu cuvé, II, 151.

Vin d'ancienne réputation, *Yonne*, III, 121 – 124; — de Chablis au-dessus de sa réputation et se place tout près du vin de Meursault, sa qualité, III, 139; — d'Auxerre, nomenclature, III, 131; — de Coulange en rouge, III, 137; — de Joigny, gris excellent. ne cuve que douze à vingt-quatre heures; le vin commun cuve dix à quinze jours, III, 145; — de Tonnerre, le meilleur de l'*Yonne*, échelonné dans la vallée de l'Armançon, se conserve très-bien jusqu'à cinquante ans, III, 147-150; — d'Épineuil, III, 151.

Vinaigre de vin. Visite à la fabrique de MM. Robin et Dècle, à Neuville-de-Poitou; importance pour la santé publique de sa loyale fabrication, *Vienne*, II, 559.

Vinification : dans l'*Aisne*, III, 445 – 446; — dans l'*Allier*, III, 166 – 167; — dans les *Basses-Alpes*, I, 57; — dans les *Alpes-Maritimes*, I, 49 – 50; — dans l'*Ardèche*, II, 90 – 96; — dans l'*Ariége*, I, 310; — à Bar-sur-Aube, *Aube*, III, 99; — à Bar-sur-Seine, III, 107; — aux Riceys, III, 108; — à Limoux, *Aude*, I, 263; — conseils à ce sujet, *Aveyron*, II, 54 – 56; — dans la *Charente*, II, 459 – 461; — dans le Sancerrois, *Cher*, III, 190-191; — à Vierzon, III, 194; — à Beaulieu, *Corrèze*, II, 131; — à Brives et Donzenac, II, 135; — au clos Vougeot, sa description complète *Côte-d'Or*, III, 74-78; — soins qui y sont donnés au vignoble de Monbazillac, Bergerac, *Dordogne*, I, 529-531; — mélange de moût blanc (un cinquième) au moût rouge, à Monbazillac, I, 532; — dans le *Doubs*, II, 406 – 407.

Vinification à l'Hermitage, *Drôme*, II, 236; — à Crest, II, 240 - 241; — dans la *Gironde*, I, 456 - 457; — à Saint-Émilion, I, 502 - 503; — «un grand point à y observer est «d'attendre avec patience et courage «une bonne maturité; c'est en deux «ou trois semaines que se fait la «bonne ou la mauvaise qualité du «vin,» I, 529; — dans l'*Indre*, II, 572 - 573; — à Tours, Joué, Bourgueil, Vouvray, *Indre-et-Loire*, II, 664 - 666; — des différents types de vins, *Jura*, II, 390; — dans les *Landes*, I, 360; — mauvaise à Brioude, *Haute-Loire*, II, 109 - 110; — dans le *Lot*, II, 33 - 34; — dans la *Lozère*, II, 71 - 72; — dans l'Anjou, *Maine-et-Loire*, II, 637-640; — dans la *Marne*, III, 402 - 407; — dans l'arrondissement de Vitry, III, 412 - 413; — dans la *Haute-Marne*, III, 371 - 372; — à Thiaucourt, chez M. Rollet, *Meurthe*, III, 312 - 314.

Vinification dans la *Meuse*, III, 348 - 340; — dans la *Moselle*, III, 338 - 340; — dans la *Nièvre*, III, 174; — «le raisin «vendangé bien mûr par la chaleur, «la cuve remplie rapidement en un «jour ou deux au plus : telles sont les «meilleures et les seules conditions «pour obtenir du bon vin,» *Puy-de-Dôme*, II, 190 - 191; — dans les *Pyrénées-Orientales*, I, 279 - 280; — dans le *Haut-Rhin*, III, 265 - 266; — en Beaujolais on emploie le gleucomètre, *Rhône*, III, 5; — à Champlitte, *Haute-Saône*, II, 419-420; — influence de la durée de la cuvaison et de sa température, *Saône-et-Loire*, III, 52 - 53; — dans la *Sarthe*, III, 558; — à Thouars et Argenton, *Deux-Sèvres*, II, 532; — dans le *Tarn*, II, 15 - 17; — dans *Tarn-et-Garonne*, I, 394 - 395; — dans le *Var*, I, 92, 93, 95; — dans la *Vienne*, II, 557 - 558; — dans les *Vosges*, III, 297; — à Auxerre, *Yonne*, III, 134 - 135.

Y

Yeux. «Ceux qui donnent les plus belles «grappes sont toujours à l'extrémité «des sarments,» *Ain*, II, 358; — la vigueur de la vigne et sa fécondité sont toujours en proportion du nombre d'yeux laissés à la taille d'hiver, *Charente*, II, 454; — de la vigne au nombre de 250 sur un seul cep de 12 mètres de longueur, aux environs de Bastia, *Corse*, I, 125-126; — en laisser douze à vingt-quatre par 1 mètre à 1ᵐ,30 au carré dans la *Dordogne*, I, 513; — moins on en laisse, moins on a de fruits et plus on a de gourmands, *Gard*, I, 221.

Yeux de la vigne. «Ceux qui sont le plus «près des extrémités de la vigne donnent toujours les plus beaux fruits; «d'où cette conséquence pratique : il «vaut mieux laisser à la souche un «long bois à dix yeux que cinq «coursons à deux yeux,» *Gironde*, I, 453; — soixante à soixante-dix yeux laissés par cep, I, 479; — ils devraient être portés de trente-cinq à quarante-deux par cep, à Brioude, pour utiliser la vigueur de la végétation, *Haute-Loire*, II, 107.

YEUX de la vigne. «La vigne à douze «yeux, les ceps à 90 centimètres au «carré, donnera le double en bois et «en fruits et vivra plus longtemps «féconde que la vigne à six yeux. «On peut compter dans une bonne «terre sur douze à vingt-quatre yeux «bien nourris par mètre carré; en «Lorraine, il y en a vingt à trente,» *Rhône*, II, 9. — «Dans la Moselle, un «cep planté à 1^m,30 au carré, portant «cinquante-six yeux fructifères, donne «sur le pied de 100 hectolitres à l'hec-«tare; à côté, dans le même terrain «et sur la même surface, sept souches «portant ensemble quarante-neuf yeux «ne donneront que sur le pied de «50 hectolitres : le premier cep ne «porte que sept yeux de plus et donne «le double de raisin, il vit plus long-«temps, il est plus vigoureux parce «qu'il a la tige et par conséquent les «racines d'un arbuste puissant,» *Tarn-et-Garonne*, I, 400-401; — à Poitiers chaque cep en porte trente - deux, *Vienne*, II, 547.

SECONDE PARTIE. — GÉNÉRALITÉS.

A

ACCIDENTS qui peuvent frapper la vigne. Conclusions, III, 639.

AGRICULTURE FRANÇAISE. — Ses devoirs et problèmes qu'elle doit résoudre; elle doit se préoccuper avant tout de créer et entretenir la *famille rurale*, qui fournisse des travailleurs à elle, à l'industrie et à toutes les professions qui les consomment et n'en créent pas, I, 294-295. — Rôle et rang aux-quels elle a le droit de prétendre, en face des octrois, des produits étran-gers, des taxes sur les mutations et des contingents militaires. — Vœux en sa faveur. Conclusions, III, 689-697.

ALTITUDE. — Son influence énorme sur la température et le climat. Conclu-sions, III, 595.

ASSOLEMENT des vignes par arrachement, de vingt à cinquante ans. Résumé du Sud-Est, I, 288.

B

BOUTURES avec vieux bois, moins bonnes; leur stratification. Conclusions, III, 615.

BRÛLURE, brûlis ou brûlé. Conclusions, III, 642-643.

C

CAVES à température fixe au-dessous de 12 degrés manquent généralement. Résumé du Sud-Est, I, 293. — Dans les bonnes conditions, améliorent les vins et la position des propriétaires. Résumé du Sud-Ouest, I, 591.

Cep. — Le moindre nombre est préférable au plus élevé. Résumé du Nord-Est, III, 458. — Conclusions, III, 660. — Leur nombre varie de 8,000 à 40,000 à l'hectare, dans le Centre-Nord. Résumé du Centre-Nord, III, 234.

Cépages à bon vin : 1° à grande tige et à longue taille; 2° à petite tige et à taille courte; 3° supportant les deux régimes; leur énumération. Introduction, I, 11. — Cépages de la région du Sud-Est; leurs noms et vins qu'ils produisent; ces vins pourraient être heureusement modifiés par l'adjonction de nouveaux cépages, remplaçant, en tout ou en partie, les anciens; essais déjà tentés. Résumé du Sud-Est, I, 289-292. — Comparaison de ceux du Sud-Est et de ceux du Sud-Ouest, I, 581-582. — Énumération de ceux du Sud-Ouest, I, 587-590. Résumé du Sud-Ouest. — Cépages qui pourraient être introduits avec profit dans la région du Centre-Sud, quoique cultivés avec d'excellentes méthodes dans le Nord; autres cépages qui pourraient être supprimés ou cultivés d'une manière plus profitable. Résumé du Centre-Sud, II, 196-197. — Cépages de la région de l'Est, suivant leur climature. Résumé de l'Est, II, 431-433. — Cépages caractéristiques de la région de l'Ouest. Résumé de l'Ouest, II, 726-727. — Cépages de la région du Nord-Est. Résumé du Nord-Est, III, 458-459. — Cépages des vignobles de France, en partant de l'extrême Nord et allant à l'extrême Sud. Table générale de quatre-vingt-neuf cépages faisant partie des vignobles de France, par ordre de précocité; observations à leur sujet. Conclusions, III, 608-614.

Climat. — Considérations sur les phénomènes météorologiques que produisent les pentes des Pyrénées, douces vers l'Espagne, abruptes vers la France. Gelées et grêle qui en résultent. Résumé du Sud-Ouest, I, 579-581. — Ses éléments. Conclusions, III, 594.

Climature. — Résulte des influences combinées de la latitude et de l'altitude des vignobles, abstraction faite de celle des expositions, pentes, abris, sols, etc. Table contenant les climatures de deux cent soixante et dix vignobles de France. Conclusions, III, 597-602.

Conclusions théoriques et pratiques déduites de l'étude des vignobles de France, III, 593-597.

Conduite de la vigne. — Résumé de la région du Sud-Est, I, 288. – Résumé de la région de l'Est, II 434.

Conseils aux viticulteurs du Sud-Ouest pour la plantation. Résumé du Sud-Ouest, I, 586-587.

Conservation des vins. — Vinage, plâtrage, chauffage. Conclusions, III, 662-664.

Considérations économiques sur les rôles des producteurs, des consommateurs, des intermédiaires, des denrées produites, de l'usure, de la concurrence, de la coalition, de l'agiotage, du crédit commercial, etc. Conclusions, III, 678-689.

Coopérateurs de l'ouvrage. — Préface, I, IX, X.

Coulure et incision annulaire. Conclusions, III, 642.

Création et conduite des vignes à vin. Conclusions, III, 615-616.

Culture réduite à deux, en avril et mai, excepté dans l'Hérault et l'Aude, où

l'on en donne quatre. Résumé du Sud-Est, I, 289.—Les vignobles du Midi et du Centre doivent, pour se perfectionner, prendre leurs inspirations dans les procédés de viticulture et de vinification de la Gironde, I, 583.—Avantage des cultures données avec des animaux de trait; rapidité et fréquence des cultures; comparaison de la dépense et du temps employés dans les cultures à bras ou avec une bête de trait. Les herbes font couler et pourrir, en moyenne, un tiers des récoltes; chaque binage vaut un arrosement, en fixant dans le guéret l'humidité des rosées, des brumes et des pluies, I, 587. — Culture à bras ou avec des machines; considérations à ce sujet. Résumé du Sud-Ouest, I, 592.—Culture à la charrue est une rare exception, en raison de la configuration accidentée du sol. Résumé de l'Est, II, 435. — Conclusions, III, 632-633.

Cuvage. — Résumé du Sud-Est, I, 292-293. — Cuvage prolongé, dans le but d'obtenir, pour le vin, plus de corps, d'esprit et de couleur, est une triple erreur. Résumé du Sud-Ouest, I, 590. — Résumé du Nord-Est, III, 459-460. — Conclusions, III, 660.

Cuves fermées. — Conclusions, III, 659.

D

Déchaussage et Chaussage; dans le Sud-Ouest, à la charrue ou à la main; déplorable, quand il est profond; remplacé avec avantage, dans la Gironde, par des cultures multipliées, superficielles et presque à plat, accompagnées de sentiers ou fossés d'assainissement.

Déchaussage. — Les binages à plat de M. Portal de Moux vaudraient mieux que les transports violents de terre. Région du Sud-Ouest, I, 585-586.

Défoncement du sol. — Conclusions, III, 616-617.

E

Eau. — N'est absorbée que par les racines et non par les feuilles, qui, au contraire, l'évaporent. Introduction, I, 19, 20.

Eau-de-vie de la région de l'Ouest. Son produit comparé à celui du vin de consommation courante. Région de l'Ouest, II, 727. — Productions des des eaux-de-vie. Conclusions, III, 664-665.

Ébourgeonnement seul est généralement pratiqué dans le Sud-Ouest; les relevages et accolages ont lieu là ou l'on emploie les échalas; le rognage partiel et l'effeuillage ont lieu trop tardivement, I, 584-585.

Échalas. — Non employés dans le Sud-Est, excepté en Corse. Résumé du Sud-Est, I, 288-289. — Employés en général dans la région de l'Est, excepté dans les Hautes-Alpes et le Revermont. Résumé de l'Est, II, 433-434. — Contrées où ils sont employés. Résumé du Centre-Nord, III, 235.

Égrappage. — Pratiqué avec le foulage hors de la cuve dans la région bordelaise. Résumé du Sud-Ouest, I, 590.

ENTRETIEN DES VIGNES. — Conclusions, III, 634.

ÉPAMPRAGE. — Comprend quatre opérations : palissage, III, 628-631; ébourgeonnage, III, 631; pincement, III, 631; rognage, III, 632. Conclusions, III, 628-632.

ESPRIT, couleur, durée des vins. Conclusions, III, 657-659.

ÉTUDE et enseignement de la viticulture et de la vinification. Préface, I, IV-V.

EXPLOITATION. — Résumé du Centre-Sud, II, 199. — Main-d'œuvre au moyen de trois modes : 1° par le propriétaire lui-même, y employant ses bras et ceux de sa famille; 2° par des journaliers ou tâcherons, avec ou sans la direction plus ou moins éclairée, plus ou moins active du propriétaire; 3° sans aucune direction ni surveillance. Conclusions, III, 668-669. — Exploitation de la vigne en associant le propriétaire avec la famille rurale; valeur de celle-ci; règles des apports et du partage des produits. Conclusions, III, 669-672. — Exploitation par ouvriers ou tâcherons, avec prime sur les produits. Conclusions, III, 667.

EXPOSITION DES VIGNOBLES. Conclusions, III, 602

F

FAMILLE RURALE. — Constitution de la famille rurale, I, 295-296. — La viticulture est favorable à cette constitution, I, 296-297. — Résumé de l'Ouest, II, 681-682. — Résumé du Nord-Est, III, 461-464.

FRANCE. — Sa division en huit régions viticoles, I, 1-5. — Carte à l'appui, I, 611.

FUMURES. — Conclusions, III, 634-635.

G

GELÉES d'hiver, III, 639; — de printemps, III, 640. — Remèdes : paillassons, fumée, sarment de précaution, longue taille. Conclusions, III, 640-642.

GOÛT DE TERROIR. — Conclusions, III, 661-662.

GRÊLE. — Conclusions, III, 643-644.

H

HOMME (L') ET LE CAPITAL. — Considérations économiques à leur sujet. Résumé de l'Ouest, II, 728-731.

L

LATITUDE propre à la vigne, ses limites, au Nord et au Sud, en France. Conclusions, III, 594-595.

GÉNÉRALITÉS. CXXXIII

M

Maladies de la vigne. — Le jaune, le rougin, le cottis. Conclusions, III, 644-646.

Marcs. — Leur emploi à la distillation et à la nourriture du bétail. Conclusions, III, 665-668.

Marnage. — Conclusions, III, 636.

Mers et lacs. — Leur influence sur les phénomènes atmosphériques. Conclusions, III, 604-605.

Métairie. — Sa composition, ses règles et son école. Conclusions, III, 672-677.

Missions données à l'auteur; leurs motifs, leur mécanisme; rapports auxquels elles ont donné lieu et leur réunion en un seul ouvrage. Préface, I, v-ix.

O

Offre (L') et la demande. — Résumé de l'Ouest, II, 729-732.

Oïdium et Soufrage. — III, 647-653.

Ouillages. — Conclusions, III, 662.

P

Parasites de la vigne. — Eumolpe, pyrale. Conclusions, III, 646-647.

Pentes des vignobles. — Leur influence suivant la température. Conclusions, III, 602-603.

Plantations. — En jouelles, dans la Provence et les Alpes-Maritimes; en mélange avec les oliviers, figuiers, pruniers, amandiers, abricotiers et mûriers, par exception; mélange plus rare dans le Languedoc et le Roussillon; résumé du Sud-Est, I, 289. — Résumé du Sud-Ouest, I, 583-584. — En quinconces n'ont aucune raison d'être; conseils à ce sujet, I, 586-587. — Résumé de l'Est, II, 433-434. — Conclusions, III, 617. — Leur profondeur. Conclusions, III, 619-620. — Leur époque. Conclusions, III, 620. — Leur établissement et leur maintien rigoureux, perpétuel et de franc pied en lignes parfaites. Conclusions, III, 623.

Plants de vigne. — Moyen de se les procurer. Conclusions, III, 614.

Population. — Nécessité de chercher et d'employer les moyens propres à l'accroître. Résumé de l'Est, II, 436-437

Pourriture. — Conclusions, III, 643.

Problème national. — Produire le plus possible, avec le plus d'hommes possible, dans le plus petit espace possible. Résumé de l'Est, II, 438.

Propriétaires et ouvriers ruraux. — État actuel de leurs rapports dans le Sud-Est; moyen de remédier à l'état fâcheux de ces rapports. Résumé du Sud-Est, I, 297-300. — La main et l'intelligence de l'ouvrier seront toujours indispensables à la culture, à celle de la vigne surtout. Résumé du Sud-Ouest, I, 592-600. — Résumé du Centre-Sud, II, 199-208.

Propriété. — L'agriculture de la grande propriété a été à peu près la seule encouragée; l'exploitation de la petite a

été négligée. Résumé de l'Est, II, 437-438.

Provignage pour remplacement partiel, excepté en Corse. Résumé du Sud-Est, I, 288. — Très-peu usité, le remplacement des ceps morts se faisant avec du plant enraciné de deux ans. Résumé du Sud-Ouest, I, 585. — A outrance entretient les vignes en foule dans la Côte-d'Or, le Chalonnais, l'Aube, le Cher et l'Allier. Résumé du Centre-Nord, III, 234.

R

Récolte. — Moyenne proportionnelle au nombre d'yeux laissés à la taille sèche. Résumé du Centre-Sud, II, 198. — Circonstances qui influent sur son importance et leurs résultats. Résumé de l'Ouest, II, 727-728. — Récolte de la région du Nord-Est comparée à celle du Midi; causes de sa supériorité; mauvaises pratiques à y réformer. Résumé du Nord-Est, III, 454-455.

Région du Sud-Est ou des oliviers, I, 23-286. — Résumé synthétique et analytique. I, 287-300.

Région du Sud-Ouest ou pyrénéenne et bordelaise, I, 301-577. — Résumé synthétique et analytique, I, 579-700.

Région du Centre-Sud ou des massifs des Cévennes et de l'Auvergne, II, 1-149. — Résumé synthétique et analytique, II, 195-208. — Pleine de disparates et de contrastes, II, 196-198.

Région de l'Est ou des rampes jurassiques, II, 209-430. — Résumé synthétique et analytique, II, 431-438.

Région de l'Ouest ou de la Charente et du bassin de la Loire-Inférieure, II, 439-724. — Résumé synthétique et analytique, II, 725-732.

Région du Centre-Nord ou de la Bourgogne et de l'Orléanais, III, 1-232. — Résumé synthétique et analytique, III, 233-242.

Région du Nord-Est ou région des Vosges, des Ardennes et des relèvements crétacés, III, 243-452. — Résumé synthétique et analytique, III, 453-464.

Région du Nord-Ouest, limite de la vigne à vin, III, 465-584. — Résumé synthétique et analytique, III, 585-590.

S

Séve. — Sa marche et son rôle; influence des rayons lumineux, de la tige, des feuilles, des fruits et de la taille sèche, I, 14-18. — Influence de la taille verte sur la séve, I, 19-20. — Son partage entre un cordon de treille en serre chaude et un autre cordon à l'air libre; son expansion par ses pousses inférieures (gourmands) quand elle ne trouve plus à se répandre par la tête. Introduction, I, 21.

Sol de la région de l'Est est essentiellement montueux et offre, ainsi que son climat, les oppositions les plus accentuées. Résumé de l'Est, II, 431. — L'influence de sa nature diminue avec l'augmentation de la température. Conclusions, III, 605-608.

Soutirage, bien préférable par la gelée. Région du Nord-Est, III, 461. — Conclusions, III, 662.

Statistique. — Résumé du Sud-Ouest,

I, 582-583; — de la région du Centre-Sud ou massifs des Cévennes et de l'Auvergne; résumé du Centre-Sud, II, 195-196; — de l'Est, II, 431; — de la région de l'Ouest, II, 725; — de la région du Centre-Nord, III, 233-234; — de la région du Nord-Est, III, 453-454; — des produits de la vigne en France. Conclusions, III, 591-592.

T

TAILLE. — Son but, suivant le cep, le site et le sol; I, 32. — Taille d'hiver ou sèche en oreille de lièvre, I, 12-13. — Son influence sur la marche de la séve. Introduction, I, 18. — Taille longue; cépages auxquels elle est appliquée dans le Centre-Nord; résumé du Centre-Nord, III, 235; — en sec ou d'hiver; celles usitées dans le Sud-Ouest, courtes ou longues, s'y pratiquent ordinairement en février et en mars, rarement en novembre, décembre et janvier. *Avant janvier plus de bois, après janvier plus de fruits*, dicton dont l'exactitude a été bien des fois vérifiée; résumé du Sud-Ouest, I, 584; — en sec dans la région de l'Est, suivant les arborescences; résumé de l'Est, II, 434; — courte; cépages auxquels elle est appliquée dans le Centre-Nord; résumé du Centre-Nord, III, 234; — en sec; chétiveté des tailles courtes comparées au luxe de végétation des longues; même infériorité pour le produit de la fructification et la résistance aux gelées printanières; invasion par l'oïdium des tailles hautes à pampres abondants et retombants; immunité des tailles basses à petits pampres attachés verticalement, ébourgeonnés et rognés; le tout constaté dans les Ardennes; résumé du Nord-Est, III, 457. — Taille première, dressement et conduite de la vigne; conclusions, III, 620-623. — Sa forme et sa direction; conclusions, III, 624. — Sa distance au sol; conclusions, III, 624-625; — courte, mixte ou longue, suivant les cépages; conclusions, III, 625-628; — époque à laquelle elle doit avoir lieu; conclusions, III, 633-634; — rendue plus généreuse; conclusions, III, 638-639; — en vert ou d'été se compose de quatre opérations, I, 13-14. — Son influence sur la marche de la séve et la conservation des racines. Introduction, I, 19-20. — Résumé du Sud-Est, I, 289. — Taille faite convenablement dans le pays de Gex et la Haute-Savoie; très-incomplète ailleurs; résumé de l'Est, II, 434.

TERRAGES. — Conclusions, III, 635-636. — Terrages et fumures comparés; conclusions, III, 636.

TERRAINS. — Leurs variétés et leurs propriétés diverses; conclusions, III, 630-604.

V

VAISSEAUX vinaires (fûts). — Inconvénients de ceux d'une grande capacité, vieux et mal nettoyés; résumé du Sud-Ouest, I, 590-591. — Conclusions, III, 661.

VÉGÉTATION. — Variation de sa puissance

expansive suivant les divers cépages; comparée à celle des haricots et pois nains ou à rames. Introduction, I, 11.

VENDANGE en pleine maturité dans la région bordelaise; résumé du Sud-Ouest, I, 590. — Conclusions, III, 653-657.

VIGNE. — Sa physiologie, ses conditions naturelles et artificielles d'existence; — à grande, à moyenne et à petite arborescence; à taille courte, moyenne, longue et mixte; d'où résultent, par leur combinaison, douze modes de dressement et de taille, et finalement le nombre d'yeux destinés à fournir tous les ans les pampres, c'est-à-dire les bois, les racines et les fruits. Introduction, I, 5-10. — Heureuse influence que sa culture exerce sur la perception des impôts et l'excellente constitution des sujets qu'elle fournit au recrutement; son rôle, comparé à celui des autres cultures du sol; résumé de l'Est, II, 435-436. — Sa durée dans le Centre-Nord suivant les cépages; différence de conditionnement là où elle est assolée et là où elle est éternisée par le provignage;

accroissement de valeur qu'elle donne au sol partout où on l'établit avec réussite; résumé du Centre-Nord, III, 135-137. — Vignes en foule, leur mise en ligne; conclusions, III, 637-638.

VIGNOBLES de l'Alsace et de la Lorraine; différences de leurs conduites signalées; région du Nord-Est, III, 456-458.

VINIFICATION dans la région bordelaise; résumé du Sud-Est, I, 292-293; — résumé du Sud-Ouest, I, 590-591; — dans la région du Nord-Est, III, 459-461; — dans la région du Centre-Nord, III, 236. — Conclusions, III, 654-660.

VINS du Sud-Est; leur énumération et cépages qui les produisent; amélioration dont ils sont susceptibles par l'emploi de nouveaux cépages; essais déjà tentés; région du Sud-Est, I, 289-292. — Leur importance comme consommation régulière et insuffisance de la production actuelle pour l'alimentation normale de la population française; dangers qui accompagnent l'existence du cabaret; Centre-Nord, III, 237-242.

Y

YEUX de la vigne; nombre que peut mener à bien un mètre carré de terrain très-fertile ou maigre: 20 à 24 dans le premier et moitié seulement dans le second. Mais dans l'un et l'autre, plus le nombre d'yeux réunis sur un seul cep sera grand, toujours dans la proportion indiquée par mètre carré, plus le cep sera bien portant, fertile et durable Introduction, I, 12. — Toutes

choses égales d'ailleurs et en prenant en considération l'espèce, le nombre et l'âge des ceps, l'engrais, les amendements, le sol et le climat, le rendement moyen est proportionnel au nombre d'yeux laissés, à la taille sèche, à la souche; résumé du Centre-Sud, II, 198. — Leur nombre en proportion de la surface du terrain; conclusions, III, 624.

AVIS AU LECTEUR.

Malgré la longueur démesurée de la table des matières qui précède, je n'ai pu y faire figurer toutes les indications qui, à certains points de vue, auraient dû peut-être en faire partie, mais qui pour la plupart n'auraient été que des répétitions.

Je soumets d'ailleurs ci-après, au lecteur, la nomenclature de quelques articles principaux, qui sont entre eux, par leur sujet, dans une telle dépendance, qu'ils se complètent et quelquefois même se remplacent l'un l'autre.

Climat, vigne.
Conduite de la vigne, ceps, cépages, cultures, chaussages.
Déchaussages, échalas, épamprages, plantation, préparation du sol.
Taille en sec, taille en vert.
Coulure, incision annulaire.
Culture, exploitation.
Épamprage, palissage, ébourgeonnage, pinçage, rognage.
Gelée, sarment de précaution, taille longue, verge.
Géologie, sol, terrain.
Provignage, renouvellement.
Soufrage, oïdium.
Végétation, taille.
Vendange, cave, cellier, cuvage, cuve, égrappage, fermentation.
Vaisseaux vinaires, vin, vinification.
Vigne, climat, conduite, taille, vignoble.

P. C.

CORRECTIONS

AUX TROIS VOLUMES DE L'ÉTUDE DES VIGNOBLES DE FRANCE.

TOME PREMIER.

Page 27, 6ᵉ ligne, *lisez* taller *au lieu de* : tailler.

358, 15ᵉ ligne, *lisez* le sable *au lieu de* : les able.

372, 16ᵉ ligne, *lisez* 24 hectolitres *au lieu de* : 14 hectolitres.

396, 25ᵉ ligne, *lisez* souches *au lieu de* : couches.

489, 5ᵉ ligne (en remontant), *lisez* pleine *au lieu de* : plene.

545, 23ᵉ ligne, *lisez* marquis *au lieu de* : comte.

602, 1ʳᵉ ligne, *lisez* lignes *au lieu de* : ignes.

TOME DEUXIÈME.

Page 15, 6ᵉ ligne, *lisez* lents *au lieu de* : lants.

180, 19ᵉ ligne, *lisez* taille *au lieu de* : paille.

181, 4ᵉ ligne (en remontant), *lisez* figure 112 *au lieu de* : figure 111.

194, 20ᵉ ligne, la phrase commençant par : les autres, n'est pas finie, mais les conclusions qui suivent rendent cette omission moins regrettable.

222, 3ᵉ ligne (en remontant), *lisez* figure 125 *au lieu de* : figure 124.

223, 1ʳᵉ ligne, *lisez* figure 124 *au lieu de* : figure 125.

256, 17ᵉ ligne, *lisez* figure 138 *au lieu de* : figure 140.

335, 5ᵉ ligne, *lisez* 400 *au lieu de* : 4000.

353, 3ᵉ et 5ᵉ lignes (en remontant), *lisez* Cerdon *au lieu de* : Cernon.

362, figure 198, *lisez* stérile *au lieu de* : fertile.

362, figure 198, *lisez* fertile *au lieu de* : stérile.

400, 6ᵉ ligne (en remontant), *ajouter* figure 214 *après le mot* : échalas.

432, dernière ligne, *lisez* réunit *au lieu de* : réuni.

686, 23ᵉ ligne, *lisez* moins *au lieu de* : mois.

TOME TROISIÈME.

Page 64, 5ᵉ et 6ᵉ lignes (en remontant), *lisez :* un quartaut de 57 litres à l'ouvrée de 4 ares, 285, *au lieu de* : quartaut à l'hectare.

358, 8ᵉ ligne (en remontant), *lisez* pour *au lieu de* : pur.

428, 4ᵉ ligne, *lisez :* de la culture de la vigne et vinification *au lieu* : d'agri-culture.